总有一些味道，
徘徊在我们的脑海中，
无法割舍，无法忘怀。

周白石 著

# 老家味道 云南卷

河北出版传媒集团
河北教育出版社

# 目录

# 炬肉饵丝
## 吃货盛赞的千年美食

炬肉饵丝是以云南最常见的米制品饵块，切丝后为主要原料做成的，形状不同，口味也不同。白色的饵丝韧劲儿非常好，口感软、滑，一般有煮吃和炒吃两种吃法。云南很多地方都有饵丝这道小吃，其中巍山的饵丝独具特点，它总是和炬肉联系在一起，两者融为一体，相得益彰，成就了巍山炬肉饵丝的美味美名。

走进古城，大街小巷随处都有卖炬肉饵丝的店铺。谁也说不清这种曾为贵族专享的美食，是从何时开始走进民间，又是在何时冲破民族习惯、风俗、地域的限制，成为云南特有的风味小吃的。记忆中，从小到大的每一天，几乎都有这样的美食温情地抚慰着我的味蕾，带给心底一丝丝淡淡的、长久的温润。可以这样说，每一个土生土长的巍山人，都是在这种浓香软滑的小吃的热汤和香气里浸润长大的。

炽肉饵丝是以云南最常见的米制品饵块，切丝后为主要原料做成的，形状不同，口味也不同。白色的饵丝韧劲儿非常好，口感软、滑，一般有煮吃和炒吃两种吃法。云南很多地方都有饵丝这道小吃，其中巍山的饵丝独具特点，它总是和炽肉联系在一起，两者融为一体，相得益彰，成就了巍山炽肉饵丝的美味美名。

这道名小吃看上去黄白分明、红黄相映，犹如一幅绝美惊艳的美图，顿时俘获你的视觉神经；汤白而稠，肉略肥却绝不腻，瘦肉细嫩回甜，饵丝又白又细腻，端到桌上热气腾腾，浓香迅速沁入肺腑，令人欲罢不能。无论你手里有多忙的事，即使正急于用手机与家人、客户沟通，也会不由自主地放下那左右你生活的通信工具，抓起竹筷;无论你是否喜好热食，一定会趁热吃到嘴里，润滋滋、香喷喷，绝妙的浓郁之气会迅速充斥你的口中，令你回味无穷。

谁也说不清这道小吃的吃法、做法究竟源于何处。我查过县志，上面说相传一千多年前的巍山县曾发生过一次山火，当地居民饲养的家猪惨遭祸殃，人们舍不得丢弃被烤熟的家猪，于是便把烧焦的猪肉洗净后，刮去外表的煳渣，重新放入土锅中炖煮。为去除那股煳味，人们在锅里放了腌鸡肉、火腿。先用大火猛煮，待煮出浮沫后改小火，捞尽，再加入草果、生姜等继续用文火耐心煮，待原被烤脆的肉变得酥软滑腻，最后放上用巍山有名的百搭品——“黄皮谷”米制成的饵丝一起加工，结果，原本是抢救被烤熟猪肉的胡乱做法，竟被创新成一道流传千年的美味。

传说毕竟是传说，发生山火灾情后，在那个物资贫乏的时代，人们必然会尽最大努力减少损失，所以重新加工被烤熟的家猪肉完全符合逻辑，可让我相信那个时候的人会那么精雕细琢，又是遮煳味又是捞浮沫不容易，怕是有演绎成分。但相信很多人会和我一样，相信我们的祖先无意中的二次加工，尝到了从未有过的味道，于是日后重建家园解决基本温饱后，开始寻思将那道“没办法时”做成的肉菜更加细致地加工，经过无数次尝试后，才打造出这道美食。

在每一个巍山人的心中，都有一道属于自己的粑肉饵丝，那是因为它的美味、它的温暖，润泽了每个巍山人成长的时光。可以说，每个巍山人记忆里都有粑肉饵丝的香气存留，无论游走何方，无论舌尖品过多少美食，粑肉饵丝带来的悠长的温暖和润泽，注定与自己如影随形，一如那缕淡淡的绵长的对故土的牵念和悠远的情怀。

粑肉饵丝，寻常、平和、温暖，一如巍山人待人的诚挚与温情，和着那缕缕香气和温热，静静地飘散于古老的岁月间。走进古城，在晨光里最大的享受，莫过于随意找家小店，来上一碗浓香的粑肉饵丝，随味蕾享受一份暖到心底的香气。

无论是最常见的吃法，又或是现代人新创的“过江饵丝”，都将这经过炖、煮、烤的嫩肉制成的小吃发挥到极致。当一碗温软的银丝静卧于浓稠的散发着香气的汤里，加上炖得软硬适中、肥而不腻的粑肉呈于面前，一天的好心情、一天的好精神，就从这里开始了。

# 寻味记事

形如棋盘的古城还未在晨曦里醒来，小吃店们就在微亮的晨光里开始了一天的忙碌。典雅古朴的古城街道上飘满粑肉饵丝的清香，沁人心脾。幼时的我，总是还没爬出被窝，就让妈妈盛好一碗端进屋。后来，这竟成了妈妈叫我起床的绝招儿。

记忆中的古城，这种小吃随处可见，早起的学生来了，一碗粑肉饵丝，带给他们一天学习的劲头；晨练的老人来了，一碗粑肉饵丝，越发显出他们鹤发童颜的精神和不老的心智；远方的游客来了，一碗粑肉饵丝，留下他们对这方古城不忘的记忆和怀想。而我，最喜欢的是在清晨和暖的阳光里坐在小街上安静的小吃店里，让这样的一碗经年不变的美食，温润我一天的心情和日子。

记忆中，儿时经常能看到二舅制作粑肉的场景，他会选取刚刚宰杀的猪后腿、肘子、腹部的上等优质肉，用栗炭猛火将肉的外表烧焦，然后放进温水里浸泡，取出后将煳渣刮洗干净，待其现出金黄透白的皮色后，放入大口砂锅中，加适量草果、精制火腿，用文武两火煮炖。经过一天一夜，才算备好了上汤和“帽子”。饵丝选用巍山有名的“黄皮谷”米制成，必须当天制作，才能确保洁白无瑕，不脆不粘，细软甜润。

离家求学后，那沁人肺腑的美味再难寻觅到。其实，粑肉饵丝的做法算不上高超，但无论是在其他省市的名店，还是在省会的小吃街，都再也寻不到那令我情不自禁地从冬天的暖被窝里爬起来的动力。后来无意中了解到，它的美味与其选料考究有极大关系。书上说，巍山县境属亚热带高原季风气候，这里除部分高山冷凉地区及河谷低热地区外，大部分地区四季如春，年少记忆中确实如此。家乡的年平均气温在16°C左右，这个温度适合大多数动植物生活，因此这里的原料可谓绝无仅有。

儿时起床的绝招儿，如今成了每年回家过年的动力。几乎一入冬我就想象着二舅开始让哥嫂磨刀选料……回到家，听着耳畔熟悉的、不熟悉的来来往往的人们轻声的家长里短，细细嚼着甜润可口的饵丝、鲜嫩美味的粑肉，慢慢喝下浓香鲜美的靓汤，一缕温情、一份满足，悄悄地浸润了我的心田。

# 炟肉饵丝

汤白而稠，肉略肥却绝不腻，
瘦肉细嫩回甜，饵丝又白又细腻，
端到桌上热气腾腾，浓香迅速沁入肺腑，
令人欲罢不能。

## 炟肉饵丝的做法

食材：米（建议选用巍山有名的“黄皮谷”）、肘子、五花肉、生姜、草果、葱花、精盐、花椒油、蒜汁、胡椒粉、火腿、土鸡肉、井水（或山泉水）、油辣子、腌菜。

1 饵丝的加工。选“黄皮谷”米，经过筛、选、泡、蒸、舂、压、切等工序制成饵丝。制成的饵丝应色泽洁白，口感软糯甜润，不脆不粘。饵丝味道的好坏不仅取决于选材，还取决于是否新鲜，食材最好当天早上加工，过夜甚至隔了几天的饵丝，味道会差很多。

2 炟肉的加工。将肘子和五花肉放在栗炭火上慢烤至肉皮焦黄，取下，再放入淘米水中浸泡一两个小时，将焦黑的皮刮去，反复刮洗干净后，放进土锅，注入井水或山泉水，加上一些火腿和土鸡肉，大火烧开，撇去浮沫，加上生姜、草果等作料，土锅锅盖边用湿润的棉纸封严，小火煨炖大半天即可。揭开锅盖，香气扑鼻而来，汤色浓白却不腻口，肉炟离骨而不走形。

3 烫饵丝要用滚水，把烫好的饵丝放进大土碗中，舀入土锅内的肉汤，用汤勺将肉压散并“戴帽”于饵丝之上，再放上精盐、油辣子、花椒油（讲究的吃货，建议用巍山名产大红袍花椒炮制的，绝对不一样）、葱花、蒜汁（一定是蒜汁，不是蒜泥，蒜泥口味过重）、胡椒粉、腌菜等调料。

# 柠檬撒撇

## 傣族美味的『大众情人』

洁白的细米线，很细，像粉丝，但又不是，带着一股韧劲儿，和云南的传统米线截然不同；红色的涮涮辣巨辣无比，吃起来很是刺激；翠绿的韭菜、芫荽等辅料更是增加了蘸水的风味。

2015年夏天的时候，我又一次去了西双版纳。

那家我曾经住过的客栈已经倒闭了，老板在门口贴了很大的“招租”两个字，我在门外四处转悠，试图找到我当时住过的那个小房间，却怎么也找不到。往前走20米有个撒撇摊子，周围有许多来来往往的游客，举着相机“咔嚓咔嚓”地拍照。阳光下那一张张泛着愉悦的笑脸，像极了那时候的我和她。我走过去，走到那个凉棚搭起的撒撇摊坐下，对着那个脸色黝黑、露出灿烂笑容的老板娘说："娘娘（云南方言，发第一声，阿姨的意思），来份撒撇。"

上一次到西双版纳是大二那年的夏天，和欣一起来旅行。欣不是第一次来了，对于西双版纳夏日的阳光，她总是露出一脸享受的表情。但在我看来，这闷热的天气简直像一个笼罩在头顶的蒸笼，巴不得下一秒就把自己蒸成新鲜出炉的包子。欣说："本姑娘这就给你献上一道美食，包你从包子变成冰激凌。"她说这句话的时候，我和她正满头大汗地走进客栈房间。

不一会儿，欣端着一个竹篾编制的托盘上来，洁白的细米线，黑红色的牛肚丝，微黄的蘸水，红色的涮涮辣，翠绿的韭菜、芫荽，紧紧地挤在托盘上，简单明快的色彩，再加上特有的鲜香，一下子激起了我的食欲。这是什么？怎么吃啊？我拿着筷子，迟疑地望着她。"这叫柠檬撒撇，先尝尝，你就知道好吃了。来！我教你怎么吃。"欣一脸神秘的样子，接着她豪爽地将牛肚丝和细米线一股脑儿地直接夹入蘸水里吃。我学着她，用筷子慢慢地将蘸水化开，把整个涮涮辣放进去，用筷子拨开一点儿在牛肚丝里涮几下，然后开始吃细米线。我只敢蘸一点儿慢慢品。"咝——好酸！"我咧着嘴，那是一种什么感觉啊！洁白的细米线，很细，像粉丝，但又不是，带着一股韧劲儿，和云南的传统米线截然不同；红色的涮涮辣巨辣无比，吃起来很是刺激；翠绿的韭菜、芫荽等辅料更是增加了蘸水的风味。所有的这些酸、辣、鲜、香，偏偏恰到好处地结合在一起，让我欲罢不能。那一刻我仿佛觉得自己洗净凡尘，浑身的燥热早已无影无踪！而丝丝顺滑、阵阵清凉之后，随之而来的则是一种驯服人味蕾的酸辣快感！嘴里除了酸和辣，再也感觉不到其他，让我迫不及待地想吃下一口。

之后，柠檬撒撇青春般的酸甜让我整个旅行都一直沉醉着，我记得，那日西双版纳大片的阳光都泛着柠檬的微黄，我俩的笑脸搅拌起的泡沫，铺天盖地般留在了西双版纳这美丽的净土上。我和欣是中学同学，习惯彼此已经成为我们心照不宣的感觉。除了这个，之后我每次看向她，心里都莫名生出一丝悸动。那是什么？后来想想，那不正是和那天吃的撒撇一个味道吗？

再一次吃撒撇，是 2015 年春节过后，欣准备外出打工的时候。分别在即，她老早说会给我惊喜，一再要求我不许多问。我来到欣的家里，她手脚麻利地换上围裙开工。先是熬制蘸水，只见她把晾干的牛肉用木棒敲碎，再加盐、去水分后，和一边切得细碎如雪的细韭菜搅拌。大功告成之后，她扬起手，撒上洗净剁细的香柳、老缅芫荽及辣椒面，一碗蘸水此时此刻才算是“杀青”收工。最后选取米线或者牛肚丝、肉片，洗净摆盘。我目瞪口呆地看着欣大显身手，“这……你啥时候学会做的？”我一脸惊喜。“上次在西双版纳偷偷学的，怎么样？我厉害吧？好啦，快尝尝好不好吃！”欣一脸得意地说，“上次咱们吃的是柠檬撒撇，这次咱们吃的叫苦撒！刚开始有点儿苦，可后边却会回甘噢。”在欣一脸小心却又隐隐有些期待的眼神中，我夹起撒撇放入嘴里。不像上次的那么酸，牛肉撒撇微微带点儿苦。现在想想，不知是欣没做好，还是分离在即的原因，直到我把一碗撒撇吃完也没尝到她说的那一丝淡淡的甜味，现在想起来，仿佛只留下一丝苦味。

我没想到，在之后的日子里，我竟鬼使神差地避开了每一次和她见面的机会！那些或酸辣或苦涩的味道，那个在厨房里忙碌的身影，那张带着一丝得意的笑脸，都在那一碗碧绿的浓汤里上下沉浮，像那吃过的苦撒一样，五味杂陈，却始终没有甜蜜。那句埋在心底很久的话，一直没有机会亲自对她说出口。

“小伙子，你要的是苦撒还是柠檬撒？”老板娘一声热情的招呼，使我从回忆里醒过神来，“娘娘，我要苦撒！”也许能尝到那一丝甜味也不一定呢！不一会儿，撒撇便被端上来了，我抬眼看着这刚刚盛上来的苦撒，有种似曾相识的感觉。小心翼翼地拿起筷子夹了一口放进嘴里，一如既往的苦涩席卷而来，我嚼了几下后，却发现有一丝甘甜从喉咙深处传来！恍恍惚惚，在这方小小的撒撇摊子中，我生出了一丝希望。我想起西双版纳的酸甜，曾经离别时的苦涩，此去经年，一定会有苦尽甘来的一天吧？

说实话，第一次吃苦撒的时候，我不是特别喜欢它。我更喜欢柠檬撒那酸酸的味道，像极了心里那份青春朦胧的感觉，但时间是奇妙的东西，从最开始嫌弃撒撇卖相难看、苦得难以下咽，到后来挑着吃，最后是一段时间不吃就会想念……看起来不起眼儿的撒撇就是有这样的本事，在不动声色间驯服人的味蕾。犹如那个她，初识觉得平淡，相处久了就沉醉其中，再也割舍不下。

如今，我也学会了做撒撇。夏日里一份爽口的撒撇，或酸或苦，不仅美味，而且据说还有清热解毒和健脾开胃的功效。初食略觉微苦，再食回味悠甜，犹如这人生百味的苦尽甘来。再加上具有药效的植物作料，撒撇便成了一道口味极佳的药膳。

撒撇是傣家人餐桌上的“大众情人”，撒撇之于傣族，就像羊肉泡馍之于西安。我常在想，傣家人怎会如此热衷这小小的一份美食，后来才知晓，这无疑是一份由当地水土气候造就的美食。西双版纳常年气温在19°C左右，热带季风气候的雨林里湿气重，酸苦的撒撇可以祛除湿气,清凉去热。傣家人对撒撇简直是怀有一种“贪吃无厌”的情怀。除了当正餐来吃，他们也喜欢在吃饭前来盘撒撇做开胃菜，或者是闲的时候做解除嘴巴苦闷的零食。撒撇对于傣家人来说，不仅是一道菜，更是一个民族文化的传承。由最早的只有土司和贵族才能享用的直接用生肉蘸菜吃(叫作“干撒”)的美食，到如今各式各样的牛苦撒，还有鱼撒、猪肉撒、柠檬撒、茄子撒等。时光一直在流逝着，撒撇的味道也在一如既往地传承。

2016年春节的时候，欣到底是回来了。确切地说，是带着男朋友回家过年。她一脸幸福地向我炫耀，我静静地看着他俩打情骂俏，想起南宋词人蒋捷的一句词："流光容易把人抛，红了樱桃，绿了芭蕉。"我到底是没等到苦尽甘来的一天。

我亲手做了撒撇给他们吃，欣高兴地吃了个精光，对我赞不绝口，而她的男朋友带着一丝笑意委婉地拒绝了。欣说，他们在考虑结婚了。你看，就是这样，有的人，也许连口味都不相同，却能够在一起度过一生。如同那红的辣椒和苦中带甜的撒撇，虽然又辣又苦，但结合在一块，却是一种令人难以割舍的感觉。

我也吃了一口撒撇，那尝过千百次的味道，此时在我看来却是平淡无奇。有些味道，终究是再也回不来了。不过那又算什么呢？世界并不完美，人生总有遗憾。留些遗憾，反倒可以使人清醒，催人奋进。

# 柠檬撒撇

洁白的细米线，黑红色的牛肚丝，微黄的蘸水，红色的涮涮辣，翠绿的韭菜、芫荽，紧紧挤在托盘上。

## 柠檬撒撇的做法

食材：鲜牛肉一小块、青柠檬 3 个、薄荷、小米辣、韭菜、芫荽、香蓼、盐、鸡精、熟芝麻、细米粉、牛肉干。

1 将细米粉用温水浸泡半个小时，泡开后将其下入沸水中煮，煮熟后捞出过两次凉白开备用。

2 把适量的韭菜、小米辣、香蓼、薄荷、芫荽全部切成细细的碎末儿，越细越好。

3 将牛肉剁成牛肉末儿备用，越细越好。

4 锅内放一点儿水烧开，把牛肉末儿焯一下水，将其焯散，水倒掉不要，再将牛肉末儿放进锅里与韭菜一起用大火翻炒 1 分钟左右。

5 把炒熟的牛肉韭菜末儿置于碗中，放入适量的熟芝麻、盐、鸡精，加入步骤 2 中所有切成末儿的配料，挤入柠檬汁，再加入大半碗凉白开搅拌均匀便制成了蘸水。

6 将米线捞出装盘，上面铺准备好的牛肉干。

7 用筷子将米线夹起来蘸一下蘸水就着吃，味道酸辣可口。

小贴士

配菜可以按照个人口味做增减，只有韭菜和薄荷是必不可少的，不喜欢吃辣的可以不放小米辣。

## 善待自己的一人晚餐

# 蚕豆焖饭

因取材容易、操作简单，这道美食备受云南人民的喜爱，当然也受在云南生活的外来人青睐。讲究一点儿的人，会选用宣威火腿、德宏遮放贡米，据称是做蚕豆焖饭的绝佳上品。其成菜色泽红、绿、白相映，滋味香、咸、甜、糯并存，令人回味无穷。

在儿时的记忆中，到了夏末秋初，蚕豆的花儿便开了，贴在一起的两片花瓣，浅紫色，形状如双翅合拢停在枝丫上的小蝴蝶，长着大而俏皮的眼睛，分明就是一只只振翅欲飞的、透着娇娆的小妖精，在郁郁葱葱的绿叶间翩翩起舞。俯身去看那蚕豆花，淡紫色的花瓣旁常常有一只只“猫耳朵”斜竖着，我最喜欢寻找蚕豆花旁的

“小耳朵”。那时每寻到一只“小耳朵”，我便高兴得像捡到了宝贝一样。待到隆冬时节，蚕豆花落尽，那一个个饱满的豆荚便鼓了起来，里面是一粒粒青蚕豆，宛若一双双眼睛脉脉地注视着天空。蚕豆可以做成很多美味，或炒或炸，或煮或焖，但我最爱的还是妈妈做的蚕豆焖饭。

儿时，我几乎没有买过零食，所有正餐外的小食物，要么是院子里自给自足，要么是爷爷妈妈用巧手做的。自给自足的零食中，我钟爱采摘几把青蚕豆米（尚未完全成熟处于生长期的绿色蚕豆）。剥去它们的两层外壳，留下的豆米便是美味的零食，自然翠绿，鲜嫩回甜。我从不舍得将院子里的蚕豆摘光，是因为盼望那只有春节才能吃到的美食——蚕豆焖饭。它的取材极其简单，蚕豆是我从院子里摘下来的新鲜蚕豆，剥壳去皮留下豆米；接着，妈妈拿出家里储藏的云腿切成指甲大小的肉丁，配以土豆丁等，以及大米、糯米，然后开始加工。

有饭有菜，有荤有素，有红有绿，有软有硬。白色米饭中点缀着红绿相间的蚕豆和云腿，强烈的色差刺激着视觉和嗅觉感官，令人垂涎三尺、食欲大开。因取材容易、操作简单，这道美食备受云南人民的喜爱，当然也受在云南生活的外来人青睐。讲究一点儿的人，会选用宣威火腿、德宏遮放贡米，据称是做蚕豆焖饭的绝佳上品。其成菜色泽红、绿、白相映，滋味香、咸、甜、糯并存，令人回味无穷。

乍一听起来，相信很多人觉得蚕豆焖饭有点儿类似北方的炒米饭，饭菜合一，既可以保证营养，又方便食用。但实质上二者完全不同，特别在家常菜中，二者所扮演的角色也相差甚远。炒饭偏重于将“剩下”的米饭与蔬菜、肉等混合翻炒，以避免浪费剩饭；而蚕豆焖饭则讲究新鲜出炉，米饭必须现做，配菜少而精。

儿时，蚕豆焖饭是爷爷和妈妈为数不多的做饭时让我在一旁看着的饭菜，更是我为数不多可以上手帮忙的饭菜，所以，每每家里做这道饭菜时我都特别自豪，因为那里面有我的劳动成果。

前段时间到野外徒步野营，过一座山时，山低路缓，风轻云净，远远望去，两间隐隐小屋素然清幽，那独门小户，依山而居，随取山中悠闲时光，圈一圈篱笆墙，矮矮地扎结着，不挡春风，不挡花香，不挡鸟语，不挡虫鸣，也不挡山下清凉溪水声，外边是一畦绿油油的蚕豆。风吹叶动，上下招摇间，饱满的豆荚仿佛在向我招手，我情不自禁摘下几枚豆荚，剥皮放入嘴里，依然是青蚕豆那不变的清甜，只是当时吃不到那美味的蚕豆焖饭实在是一大憾事。

## 寻味记事

爷爷在世时常跟我说，一个人外出求学很辛苦（我读的寄宿中学），比他们小时候一个人外出当学徒或闯荡还苦，所以必须照顾好自己。周末回家改善伙食是必不可少的。爷爷常说，他们不能陪我一辈子，必须学会做几道菜才能照顾好自己，其中一道便是蚕豆焖饭。

爷爷辞世后，周末几乎只有我和奶奶一起度过，于是这道饭菜便陪伴了我中学期间的上百个周末。直到考入大学，我依然喜欢在周末时，到室友家下厨请他们品尝滇味，也改善自己的伙食。善待自己，要从一粥一饭、一衣一物开始。毕业后，我最喜欢在忙碌之余，为自己准备一份晚餐，亦饭亦菜的蚕豆焖饭便是最常做的。我喜欢在一阵忙碌后，静静地把它做好，等待最后那几分钟“焖熟”的工序，一边闻香，一边享受饭菜即将出锅的喜悦。

后来有了女友，这道饭菜便成了拴住她胃口的“绝学”之一。女友说，蚕豆也是天津人尤为喜爱的小零食之一，或下酒，或入菜，甚至有一家几乎可与天津三绝媲美的“崩豆张”，所以她对我喜爱的蚕豆焖饭情有独钟。很快，女友成了我下厨时最得力的助手。

能在异乡吃到正宗的家乡美食尤为令人舒心，特别是生病的时刻。刚在天津定居时，我一到冬天总是发烧、浑身无力，女友问我想吃什么，不等我张口她便笑着说："不是米线豆花就是蚕豆焖饭。"我点点头，微笑。于是，她便会跑去厨房一阵忙碌。

北方水质略差，但大米，特别是小站米或东北大米的口感则更好，饱满、喷香、色泽亮，配以宣威云腿，味道绝对上乘。女友喜欢在蚕豆焖饭中加入少量胡萝卜，让饭菜整体的色彩更加光鲜，也让其味道更加丰富。只是，比起大米、云腿、土豆、蚕豆这些原料，胡萝卜的味道略重，若不先炒熟就下锅焖，会掩盖米饭和蚕豆的清香，若以油炒熟再下锅，色泽又偏暗。

我对此提意见，总会被女友抱怨不懂"创新"。想来也是，在全民创新的年代，确实不该在任何事上都循规蹈矩、墨守成规，保持优良传统的同时，适当加入创新元素，总能碰撞出令人惊喜的火花。

# 蚕豆焖饭

有饭有菜，有荤有素，
有红有绿，有软有硬。
白色米饭中点缀着红绿相间的蚕豆和云腿，
强烈的色差刺激着视觉和嗅觉感官，
令人垂涎三尺、食欲大开。

## 蚕豆焖饭的做法

食材：新鲜蚕豆、大米、糯米、宣威云腿、土豆、食盐、味精。

1 大米与糯米建议按1:1混合，淘洗干净后，用清水浸泡1小时备用。

2 宣威云腿切成约1厘米见方的小丁，土豆去皮，切同样大小备用。

3 烧热炒锅后倒油，油热后调成小火，下土豆丁煸炒至半熟，加入云腿丁翻炒，再加入蚕豆炒匀，然后加入食盐、味精。

4 将浸泡后的大米和糯米倒入炒锅中，加入适量清水，用中火烧开。

5 煮至开始收水，适当搅拌，待看不到水时，调微火煮10分钟左右，再焖5分钟即可装盘食用。

# 炒饵块

## 曾经救驾的边陲美食

常有人问云南的春节怎么过。我说，和很多地方一样，放鞭炮、吃年夜饭。云南的年夜饭很有意思，即使现在生活条件好了，随时可以吃大鱼大肉，炒饵块这道传统美食也少不得，其劳作需要全家人合力完成，既做出了美食，又增进了感情，因此无论龙虾、鱼翅、鲍鱼、海参多么珍贵，滇南人民也不忘年夜饭保留这道菜的传统。

说起饵块，云南各地方的人都很熟悉。相传，它源于彝族，后流行于滇南乃至整个云南，它还曾是救驾的御膳，这种说法源于西南边陲——腾冲。据说明朝都城被攻克，李定国、刘文秀等人拥护南明永历帝朱由榔辗转来到昆明，几年后清军三路入滇，吴三桂率军逼近昆明，朱由榔与众人一路向西败逃，至腾冲，断炊数日，明军征粮时，善良的当地百姓炒好饵块奉上，朱由榔吃后感叹道："真是救了大驾。"这段往事给这道云南美食留下了"大救驾"的美称。

饵块究竟是什么？大多数人并不了解，其实它的做法很简单，就是将大米蒸熟，捣碎揉搓，如和面成型，加工成块状，再用炒、煮、蒸等方法烹制的一种食物。饵块是云南较为常见的美食，以昆明和腾冲的最为出名，后者出名因救驾的典故,前者出名因属省会城市。饵块不仅取材、制作简单，且是经济萧条年代几乎家家户户必备的食材，炒饵块更是年夜饭必备神菜。

从记事开始至今，炒饵块每年都会出现在年夜饭中。除夕那天的下午，家里一定是一片绿色，门前的松蓬是爸爸从山上挖回来栽在此处的，树下用松毛做一个包，插上香，乞求来年的好运气和一家人的幸福；松针是在吃年夜饭前撒在地上的，厚厚的一层松针，一脚踩上去，仿佛踏上了一屋子的清新气息，象征新的一年吉庆平安。早就准备好的饵块也放在松针上，洁白如玉的饵块，青葱翠绿的松针，简明的色彩，特别的清香，绝对会让你心驰神往。

小时候，总觉得舂饵块是一件很好玩儿的事情。前一天，先将泡过的米放到木甑或蒸锅里蒸，待其膨胀、松软，不等它熟便取出，稍晾一下，不烫手时放进瓷盆或不锈钢盆中舂碎。妈妈说，她小时候，家里的炊具更为“专业”，是那种电视里才有的碓窝——一种专门用于捣碎食物、药材的器皿。待将其舂成面状后，就可以取出放到案板上揉搓。揉制的工作由妈妈完成，她那双布满老茧的手摆弄着白乎乎的饵块，不一会儿就将其揉成一块块玉砖似的形状，她说这个形状更便于切片。她小的时候，饵块还可以用木质的模具加工成不同形状，甚至可以用带有“福”“禄”“喜”“寿”等字的木模压制，这样的饵块成型后，再放入木甑里蒸熟食用，也可以在制作过程中，根据家人的口味加入一点儿馅料，别具特色。

饵块的制作工艺并不复杂，从我记事之日至今，这道菜永远是一家人合力完成的。除了年夜饭有炒饵块外，每年大年初二，炒饵块也是必备之菜，这一天的制作更为讲究。妈妈把饵块切成薄片，加火腿片、酸腌菜末儿等炒制，倒入酱油，拌以少许油辣椒。这样的做法，吃起来香甜浓厚，口味偏咸辣，且色彩斑斓、浓烈。

炒饵块也是各家最容易创新的一道菜，我曾经到腾冲的同学家做客感受春节，他家的炒饵块和我家的截然不同，他们喜欢将饵块切成三角形，以薄如纸为佳，配料包括白菜心、葱段、番茄、鸡蛋等，只用盐不放酱油。不同于昆明炒饵块的那般浓烈的色彩，腾冲的炒饵块只有红、黄、绿、白四色，看起来十分清秀，入口味道也更为清爽，香辣、不咸。

## 寻味记事

饵块，在云南特别是在滇南又称“粑粑”，旧时昆明市民会在自家门前支起炉子，将饵块置于烤网上烤，这几乎成为街头一景。

有一年寒假，我下了火车，路过昆明的正义坊，看到一个小摊，一个火盆上放置着一张铁丝网，下面是红红的栗炭火。摊主正在翻烤着一块块白色的圆形饵块，饵块很薄，一会儿就烤熟了，闻起来有点儿香。旁边的食客中，有的喜欢将烧饵块掰成小片后放到热豆粉汤里吃，有的则用饵块裹上一根油条，卷入自己喜欢吃的各种小菜以及牛、羊肉冷片，这就是街头常见的早点、云南十八怪之一——米饭饼子烧饵块。我要了一份，摊主将饵块放在一个圆盘子里递给我，我娴熟地涂抹上辣椒酱（很多卖饵块的小吃店都有各种酱料，如甜面酱、芝麻酱、辣酱、油辣椒、腐乳等），用手卷好，放入嘴里嚼，大米微微的回甜中还带有一丝爽弹和香脆，再加上辣椒的辛辣，刺激的碰撞中，摩擦出不一样的味觉火花。我狼吞虎咽般吃了一小盘，觉得意犹未尽，果然，最美不过家乡味。

20个春节，年夜饭吃过20次炒饵块，可我每年都是看着父母操持，从未上手出力。这一年，我带着刚认识的女友回家见父母，我们事先说好一起给老人做一道菜。然后学着父母的样子，我负责淘米、蒸熟后舂碎，这期间，她准备各种原料。她的力气很小，所以我们一起将舂碎的米揉搓成面状，有趣的是，那竟是我第一次紧紧握住她的手，如入口的饵块般软、滑、温润。揉搓后，她迅速切片，我支锅、点火、热油，和她一起将饵块炒熟。

# 炒饵块

饵块究竟是什么？大多数人并不了解，其实它的做法很简单，就是将大米蒸熟，捣碎揉搓，如和面成型，加工成块状，再用炒、煮、蒸等方法烹制的一种食物。

## 炒饵块的做法

食材：当年新米（或成品饵块）、火腿、韭菜、小葱、咸菜、豆瓣酱、辣椒、酱油、食盐。

1　大米放入蒸锅，蒸到七八成熟，倒入器皿中捣碎，成型后，加工成块状。

2　切薄片，两三毫米即可（千万不可过厚，否则就难炒熟），切好备用。

3　火腿切片，小葱、韭菜切段，咸菜切碎备用。

4　热锅入油，加豆瓣酱、辣椒炒香，倒入火腿片、饵块片，大火拌炒均匀，加酱油、盐等调味料酌情调味，饵块片松软后即可出锅食用。

**小贴士**

若不喜欢口味过重，可不添加酱油，用食用盐、鸡精或味精调味即可。

## 傣族包烧

## 土法烧出来的原汁原味

这是傣族菜里最容易让其他民族的人接受，也是最容易勾起人馋虫的菜。包烧可以包很多东西，蔬菜、肉类、内脏都可以，用的是一种傣族特有的烹制美食的土法。

即使全国大旱那年，景洪也一如既往的娇滴美艳。三月的夜晚，景洪的夜最怡人，那阵寒意退去，那段闷热潮湿的酷暑未到，这几乎是一年最好的时节。和很多旅游城市相比，景洪同样热闹，但商业开发节奏较慢，无论是交通还是物价，都只是刚刚“起步”，少数民族村寨大排档的美食，无论是做法还是味道，都延续着原汁原味的地域特色。

这样的夜晚，尽情漫步，穿过游人如织的街道，沿着路边高大的棕榈树及一间间缅甸珠宝玉器店，不知不觉来到灯火通明的夜市。二三十家外形别致的烧烤饭店连成一排，烤炉个个炭火旺盛。烤肉的小哥穿着民族服饰，不少食客也是相似的打扮。推荐我到此的出租车司机说，这是本地人最喜欢的夜市，距闹市较远，很多游客还不知道。

有趣的是，这里的大排档不似很多城市特别是旅游城市那种“沿街拉客”的风气，而是服务小妹在门前冲过往的客人微笑，见有人驻足才上前说话，让我对这大排档多了几分好感。

溜达了一圈，我在一家人最多的傣族大排档挑了一个地方坐下。身穿傣族服饰的小妹递上水帮我点餐，我说，最喜欢地道的傣味。在她的推荐下，我点了烤肉、傣味柠檬鸡、腌牛脚筋、傣族苦笋和包烧。

矮小的木椅旁摆放着藤桌，桌上是极具民族特色的桌布——几片大大的芭蕉叶。

属凉菜的苦笋先被端了上来。傣族小妹说，客人都是要先吃苦笋，苦笋味苦且甘，性凉而不寒，有增进食欲、降心火的作用。剥开入口，这苦笋听起来恐怖，吃起来却异常鲜美。我一边吃着，一边看着傣族小伙儿操持烤肉、烤包烧。

这包烧让我十分好奇。用芭蕉叶包起来各色食物，整整齐齐地码在一起，卖相甚是吸引人。点菜时小妹就说，这是傣族菜里最容易让其他民族的人接受，也是最容易勾起人馋虫的菜。包烧可以包很多东西，蔬菜、肉类、内脏都可以，用的是一种傣族特有的烹制美食的土法。其实听她的描述，我的馋虫已经蠢蠢欲动。

来大排档的路上，我就请司机推荐过好吃的，司机师傅说，傣族的包烧最有特色，准确地说，包烧是傣族烹饪的一种方式，也就是用当地最常见的芭蕉叶或柊叶（竹芋科植物）包着食物烘烤。食物事先腌制好，拌好调料，再用叶子包好，尽量不透气，捆好后以炭火烤熟。

看着炭火上的包烧被翻来翻去，我甚是期待，不过根本没时间寻思那令人期待的味道，一道道小菜已经上桌，我只能一一品尝。

我的包烧好了，小妹端上来，熟练地把芭蕉叶切开，给我留下半个柠檬，示意我根据口味挤汁。我点的是包烧里脊，精心腌制的里脊肉鲜香，有嚼头，隐约含有一股芭蕉叶青涩的味道。再滴一些柠檬汁，顿时鲜香的肉味多了一丝甜酸，令人回味无穷。

芭蕉叶虽焦了，但鲜肉却烤得恰到好处，小妹告诉我，傣族包烧最容易保持食物原有的味道，因为不需要其他炊具，且包裹严实，所以美味一点儿也不会流失，绝对堪称“原汁原味”。用筷子夹起整块的里脊肉，还有一些零散的肉末儿及配料留在芭蕉叶上，我看四下没人注意我（其实也没人认识我），用筷子把它们扒拉到一起，然后把芭蕉叶从小盘中拿出，端到眼前，将食物一口送到嘴里。

## 寻味记事

每每想起傣族包烧，便想起世外桃源般的景洪，想起那个晚上，酒足菜饱，微醺的我吹着小风，一路漫步回到酒店。和蓝天白云、阳光充足的白天相比，夜里的景洪别具特色，偌大的城区，宽阔的道路，车流速度一点儿不快，仿佛也在享受慢得发懒的节奏。人行道上，三三两两的男女青年，手拉着手，有的拿着芭蕉叶，有的戴着少数民族特有的、用植物枝叶编制的帽子，轻快地迈着步子……它不似丽江古城夜晚的繁华，不似西安古城美食街那样喧闹，不似三亚景致和菜品那般单一，也不似成都锦里那般过于沉浮的现代气息。

离开景洪后，再想吃到地道的傣族美味就太难了。昆明、思茅、大理、丽江，其实遍地可以找到傣族美味，但纵然是傣族小伙儿开的门店、小吃摊，也难吃到一样的味道。我不知那是因为没了在世外桃源的景洪的心态，还是没有了澜沧江吹来的习习微风，还是缺少当地树木制成的炭火，抑或是少了那江水酿制的美酒，其他地方的傣味儿总是少了点儿什么。

吃到地道的傣味不容易，可嘴馋的时候，满足“吃”的基本需求还是非常容易的。有了收入后，我给父母买了烤箱快递到家。二老觉得这玩意儿比微波炉还难操作，开了箱却一直没用。那年暑假我回到家，决定露一手给他们看看。准备食材并不算难，唯一麻烦的就是搞到新鲜的芭蕉叶。不过这对于我不是难事，一个电话，找到远嫁到西双版纳的青梅竹马的好友，不仅芭蕉叶有了，就连地道的傣族配料也凑齐了。

我上网看看资料，凭着入口的记忆，腌好里脊肉，又用芭蕉叶包裹上紧紧地捆好。烤箱预热后，码入烤盘，加温。妈妈在一旁笑着感慨，在厨房忙活了一辈子，头一次吃到不用刷锅洗碗的菜。我的心猛然抽了一下……

包烧熟了，我把它端到妈妈眼前，用小刀划开芭蕉叶，一股热气伴随着香气扑鼻而来。妈妈说，以前上街吃过傣族小吃，觉得味道挺好，但总是觉得离生活太过遥远，没想到有一天能吃到我做的傣味。

妈妈说，老了，不敢吃酸的。那天的包烧，我没加柠檬汁，可吃到口中，却比加了柠檬汁还酸，我明白，那味道发自心里。

# 傣族包烧

精心腌制的里脊肉鲜香，有嚼头，隐约含有一股芭蕉叶青涩的味道。再滴一些柠檬汁，顿时，鲜香的肉味多了一丝甜酸，令人回味无穷。

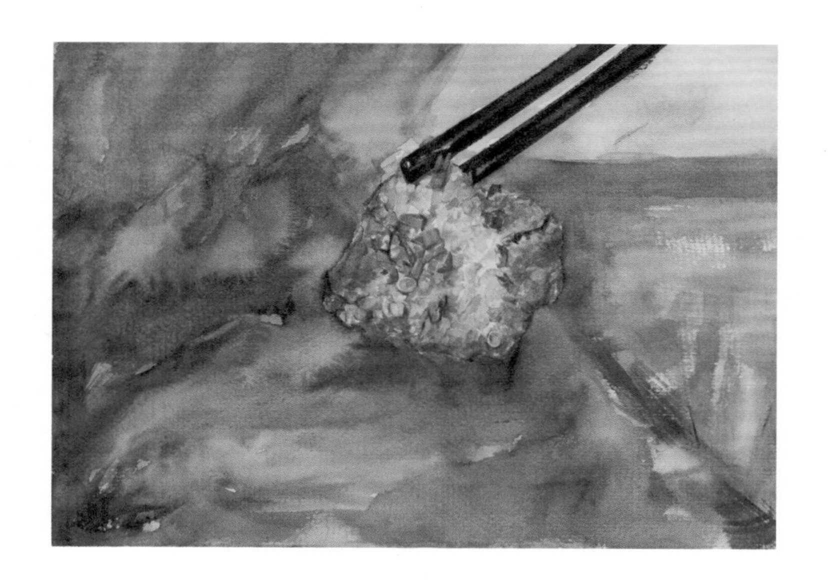

## 傣族包烧的做法

食材：猪里脊、金针菇、葱、姜、薄荷叶、蒜、食盐、料酒、生抽、香菜、小米辣、鲜柠檬、芭蕉叶。

1　将猪里脊切成大小相对一致的片，不要太厚。

2　葱、姜、蒜、薄荷叶、香菜、小米辣切末儿。

3　将切好的猪里脊肉倒入碗里，倒入料酒、生抽及葱姜蒜薄荷叶等末儿，搅拌，加入食盐，混合后腌制。

4　金针菇去根、洗好，撕开。

5　处理好的金针菇和腌制好的里脊肉搅在一起，摊在洗净的芭蕉叶上，用芭蕉叶紧紧地裹好。

6　烤箱预热，上下火温度一致，建议在 250℃左右。

7　将包裹好的包烧放入烤盘，推到烤箱内，注意一定在上下火中间位置，可略靠近下方，不要过于靠近上火。

8　约 20 分钟，待芭蕉叶表面烤焦，取出烤盘。

9　划开包裹的芭蕉叶，挤入柠檬汁，即可食用。

## 傣族春鸡脚

### 傣族小妹最爱的情菜

春鸡脚是非常能体现傣家人口味特点的一道小吃，傣族人家做出的鸡脚，酸、辣、鲜、香，招人喜爱，每咬一口，都有皮韧肉香、美滋美味的口感。

黄昏，澜沧江边的小吃街开始热闹起来，同学带我去了一家很不起眼儿的小店。和意外吃到香茅草烤鱼那次一样，这次给我们点菜、服务的也是一位傣族妹子。点好菜后，我见妹子在透明厨房里拿着舂杵，在容器中或上或下，或左或右，上下翻飞，不时地加入一些作料。

菜端到眼前时，我立即闻到一股淡淡的酸香味。这傣族春鸡脚看起来色泽鲜艳，辣椒的红、鲜蔬菜的绿、花生碎的淡黄，很好地衬托出带有透明皮肉的鸡脚。鸡脚几乎被舂杵舂碎，轻轻夹起，却有舂断骨头连着筋的感觉。

我和同学坐在靠店门口的位置，迫不及待地品尝这难得的美食。只是一口便满嘴酸辣，有一股清香留在唇齿之间，小米辣的辣味和柠檬的酸香沁入心底，让人忍不住一口接一口。很快小碗见底，我的口中翻涌着不知是馋虫作祟，还是酸辣过后的口水，总之，再来一碗的诱惑不等我说出,我的眼神已经被傣族小妹看懂了。她扑哧一笑，冲我点点头，递上两张纸巾，然后转身走进厨房。

街上，路边的杨柳树轻轻地抖动着齐整的绿叶儿，任最后一丝顽皮的阳光留下的斑点在枝头追逐；电线上，过冬的燕子在继续演绎最后的激情；草坪里，曾经不断疯长的草儿，静静仰望着一列列高耸着的法桐树……我就这样静静地坐着，流浪歌手奔放的歌声、老人悠闲的步子、地摊、城管……看着形形色色的人们，体验这难得的美味。

再吃第二碗,喊住小妹讨教这道美食的做法。我知道，柠檬是傣族菜中最常用、最百搭的原料之一，这酸味便源自柠檬。傣族的饮食具有独到之处而又富有地域特色，在傣族人民心目中，无酸不成餐已成饮食习惯，以酸见长的傣味已成了傣族人民饮食文化中的一朵奇葩。

傣族小妹说，吃酸的心爽眼亮，有助消化，多吃酸的可以消暑解热；吃甜的，能增加热量，解除疲劳；吃辣的可以增进食欲，预防伤风感冒;吃生的，则可保证营养。

傣家人还认为，傣味的酸，要酸得爽口；要辣，则辣得过瘾。在德宏一带生长着冲天辣、小米辣、象鼻辣、花呆辣、灯笼辣等，可说是辣中之王，蘸水碟少不了小米辣。小妹说，这道菜找任何原料都不难，最关键在于“舂”——过力，容易把美食捣烂；过轻，则舂不出味道——必须把握好轻重缓急、力道合理，且强调调料先后顺序，才能将这道菜做好。

辣是滇、贵、川、渝等地最常见的口味，但受到地域和饮食习惯、民族风情等因素影响，各地对辣的理解和喜爱又截然不同，就是云南整个省份，不同地区不同民族对辣也有着不同的诠释。在滇南，特别是在傣族人家，酸辣融合的口味令人心旷神怡。辣得热情，酸得心爽，这正好和滇南包括傣族在内的一些少数民族人民的性格特点相对应。西双版纳的大街小巷里，笑容是必不可少的，就算是素不相识的阿妈和老大爹，也会乐得向你说道说道当地的风土人情，遇到一个热情的，少不得亲自带你领略西双版纳特有的美。或许，最美的不是风景，而是人心吧。

## 寻味记事

要想不远行，便尽享云南美食，首推昆明的一家美食城。如同大会堂一样的建筑物里，一楼如同大学食堂，二楼是一些独立的饭馆。此处汇聚了很多地方的代表小吃，店家的招揽声，顾客和游客的喧嚣声，好不热闹。整体属于大排档的水准，但有些小店的美食还算地道。

工作后，为了满足口腹之欲，特意跑一趟西双版纳是无法实现的，至少时间成本太高了。好在，在这座隐藏在小巷里的饕餮食府中，不论是传统的过桥米线，还是傣族的菠萝饭，就算是越南、泰国的美味小吃都能寻到，尚可在此满足口腹之欲。

在二楼一个装饰极具傣族特色的小店，找到了店家的招牌小吃之一——舂鸡脚。我喜欢吃，不喜欢为了一道美食等上几小时，但喜欢早早上门尝鲜，所以通常会或早或晚，躲过高峰期吃饭。店家是汉族人，妻子是傣族人。言谈中，他说这道菜是妻子曾经对他示爱的“情菜”。吃过她料理的傣族美食，他的魂儿都要给勾丢了，所以读完大学便把她娶回家。两人把傣族美食搬到昆明已经三年，包括春鸡脚等几个地道的傣族菜早已在网上被热评。

言谈中，老板娘上菜了。和之前在西双版纳街头品尝的春鸡脚相比，这里的品相更加精致。傣族老板娘用极具民族特色的竹质小盘上菜，里面盛有一碗春鸡脚，还有用胡萝卜、鲜花等雕饰的配菜，让人在满足味蕾之余，还能体会到傣族特有的饮食文化风情。一块鸡脚入口，傣族特有的酸辣味让人口水四溢，起初用筷子夹着鸡脚入口，总觉得啃得不过瘾，非得放下筷子，用手抓住“藕断丝连”的鸡脚翻来覆去地啃。这鸡脚不似猪脚那般耐啃，可那酸爽的味道，让你真是不忍放下。几口下肚，口中似乎已感觉不到其他味道，这时，夹几筷子胡萝卜等配菜，略平衡一下酸爽味，再吃，感觉别有风味。

感谢强大的网络电商和辛苦的快递小哥，让我在他乡的周末，也能享受这做法简单、取材容易的傣族美味。现任女友和几个大学同学是最“崇拜”我的堂上客，吃过我料理的傣菜，他们都大呼过瘾，特别是在加过鲜柠檬汁等作料后，一道看似简单的小吃，一下子变得精妙无比，就连青睐泰国菜的女友都说，和地道的傣菜相比，泰国菜真可以说是舶来品了。

# 傣族舂鸡脚

只是一口便满嘴酸辣，
有一股清香留在口齿之间。

## 傣族舂鸡脚的做法

食材：鸡脚（鸡爪）10只左右，黄瓜、胡萝卜、蒜、鲜柠檬、香菜、炒花生、小米辣、食盐适量。

1 鸡脚洗净，将水倒入大小适宜的煮锅，放入鸡脚，中火煮8分钟左右，煮到鸡脚的皮可以被筷子轻松戳穿为宜，然后捞出装到盘子里晾凉。

2 香菜切段，黄瓜、胡萝卜擦丝，取适量炒花生（可以是原味，也可以是辣味，个人推荐前者）捣碎，将蒜捣碎。

3 小米辣切小块，柠檬切开、挤汁。

4 取晾好的鸡脚放入杵臼中，先用力将大块骨头舂折，然后加入小米辣、蒜碎继续舂，此时应用力，这样才能将蒜、小米辣的味道舂入鸡脚皮肉中。

5 待鸡脚被舂碎，放入花生碎，继续舂，此时可以酌情减力，为的是尽可能将作料的味道融入。

6 倒入黄瓜丝、胡萝卜丝，撒入适量食盐，混合后装碗。

7 淋上或现挤柠檬汁，略做搅拌即可食用。

# 豆花米线
## 慵懒时光的闲食

豆花米线的味道符合昆明的慵懒气息。它源于民间，后逐渐成为小吃店中一个独具特色的品种。不像吃过桥米线那样繁复，豆花米线简单，香辣爽滑，价廉物美，人们将其戏称为解馋食品，甚至有人说豆花米线是懒人的做法，听起来似乎不无道理，毕竟它只需把各种作料撒在一起，搅拌后即可食用。

我经常用“慵懒”来形容昆明，这有着充足的理由。因为她四季如春的气候让人对季节交替相对麻木，也因为昆明人慢热的性格。明代杨慎说昆明“天气常如二三月，花枝不断四时春”，这个中性得没有个性的城市，让你怎么品，都说不出来那究竟是一种什么味道，我想，只有昆明的米线才能让人稍微闻到一丝丝特有的味道。

走在昆明的街头，如同走在光阴的彼岸。慵懒的人对于吃一定是格外用心的，所以云南人有一种说法是“不吃米线就会死病”，这绝对不是一句玩笑话。为了治好这种“病”，云南人研发了各式各样的米线，其种类多到云南人自己都数不清。

凉、烫、焖、卤、炒，云南人把米线的吃法发挥到了极致，配料更是数不胜数。只要想得到的，似乎都可进入“米线家族”。其中，豆花米线的味道很符合昆明的慵懒气息。它源于民间，后逐渐成为小吃店中一个独具特色的品种。不像吃过桥米线那样繁复，豆花米线简单，香辣爽滑，价廉物美，人们将其戏称为解馋食品，甚至有人说豆花米线是懒人的做法，听起来似乎不无道理，毕竟它只需把各种作料撒在一起，搅拌后即可食用。但就是这样的懒人闲食，让人吃了还想吃。吃过豆花米线，就算你双脚已踏在了条石街上，足下的条石纹路摩擦着脚底，心底也一定是在回味刚才的味道，带着一路仆仆的风尘，盼望再与万般风情的“她”相遇。

豆花米线其实是在煮好的米线中放入新鲜的自制豆花、各种酱料、肉碎、小菜等混合而成的。它们的组合看似简单，但吃货们都知道，季节的差异、摆放次序的不同，对其味道会产生很大影响。比如，冬菜是豆花米线的点睛之笔，它非常吸味，如果先放冬菜再放酱油的话，咸味便全部被冬菜抢走，米线几乎毫无咸味。

在隐藏于巷子里的米线店里通常是不会看到游客的，所有的客人都是街坊邻里和会吃的本地人，但这些犄角旮旯的小店，却是展示昆明味道的好地方。昆明人可以一日三餐都吃米线，直到吃得十分满足，这就是满足带来的小幸福。冬菜、豆花、生韭菜、昆明汤池老酱等调料所散发出的辣、香、咸、浓、淡等细微的差别，只有真正的“米线族”才知道。

上中学时，经常路过一家老字号豆花米线店，操作台上摆着十多个装作料的盆。卖米线的大妈特有力气，一只手端着放有七八只小碗的大托盘，另一只手熟练地用竹勺从各种酱料盆里舀起一些，依次在每只小碗上微抖一下，均匀撒完小料后，再用另一只小竹勺点一些胡椒、食盐、味精等，最后加入一些花生碎、芝麻、冬菜、嫩韭菜。大妈忙得顾不上抬头，两只手像机器人的手臂一样，忙个不停却有条不紊。熟客一般都是把零钱扔在大妈女儿放在操作台前的木盒里，然后走进店，从操作台上端起一碗便找地方坐下品尝。生客一般都是一边交钱，一边问作料的调配建议。油辣子是豆花米线中口味最重的一种作料，加与不加全凭个人喜好，生客熟客几乎都会酌情添些。我喜欢一边吃一边看那令人眼花缭乱的动作，就跟翻绳、变魔方游戏一样有趣。我总在想，一小碗米线放到眼前，色彩那么艳丽，没有汤，放入各种酱汁搅匀了再吃，如同在求学、工作的道路上，周边一个又一个人构成一个又一个团队，有人让你喜欢，有人让你无所适从，若你是团队的管理者，无论如何，都要学会将这些本没有什么交集的人融合到一起。

# 寻味记事

豆花是几乎全国各地人民都喜爱的美食之一，不同的地域，豆花的做法差别极大，比如我大学所在的天津，有一种口味偏咸、色泽较重的早餐美味——老豆腐；再如我去过的几个南方城市，类似的做法被处理成色泽淡、口味轻、作料极少的豆腐脑。而在我的家乡，最主流的做法是豆花米线。

下雨的昆明是格外有意境的，雨丝细细密密，缠缠绵绵，走在石板铺就的街道上，常有聚集在凹陷处的雨水被踩得四处飞溅。被雨打湿的青色石板，踩上去，一步一个脚印。身旁不小心飘落的雨水滴到脸上，清浅冰凉，路边的花草柔蔓舒展着，雨滴也把空气浸得湿润。这时寻一家街边小店，品一碗豆花米线是极为享受的。

我带着女友回家玩儿，问她想最先吃哪种小吃，她毫不犹豫地选择了我几乎天天念叨的豆花米线。小雨中，我带着她去了云南米线市场上最正宗的一家——有着百年历史的老字号，这家门店 24 小时营业，但任何时候都要排队。高峰时，有人买了豆花米线没地方坐，只好站在店门口端着小碗吃，这也成了有趣的街景。我端着两只小碗，与她面对面坐下，两只小碗中的豆花米线是两种口味，一个偏咸香，一个偏辣。她调皮地说，两只碗里的都要尝尝，哪个不好吃再给我，我笑着把碗都推到她眼前。

两碗豆花米线几乎被一扫而光，她笑言，比我在天津给她做的好吃多了，害得她一下子长了一斤肉。我说这是自然，一方水土养一方人，天津的水土和原料跟昆明的不同，味道自然也不同，加之手艺的巨大差别，她觉得好吃理所当然。

吃米线还有个好玩儿的名词叫“甩”，我不知道这句话是怎么流传出来的，但经常听人说“去某某馆甩个大碗米线”这样的话。我还记得，那天，我和女友各甩了三碗豆花米线，因为吃得多了，只好手拉着手在老城散散步。

昆明是一个享受生活的地方，在平淡如水的生活里，增添了对周围事物的用心，所以他们能不急不躁地对待一切，每一天都显得很质朴，很笨拙，很天真，很静默，很平常，很缓慢，很慵懒，甚至有几分接近古板和原始。就和一碗地道的豆花米线一样，你能品尝到新鲜黄豆的甜香、花生的脆香、冬菜独有的微妙口感以及配方神秘的调味酱的独特风味。只有静静地坐下来，你才能吃出那种不一样的感觉，哪怕只能品尝这短暂的温存，也值得你用喉咙去慢慢抚摩。

当然，对于昆明“温馨”的历史和现实生活，现在很多人是相当不适应的，有人不喜欢那种“春天般的气息”，不喜欢“随意”和“散漫”。对于他们来说，昆明太过于舒适，像一个温柔乡，醉卧温柔乡的，就算是久经沙场的英雄，也得消散了身上的霸气。但我始终深爱着这座城市，像一个少年恋上一位姑娘那样无法自拔。

# 豆花米线

豆花米线是在煮好的米线中放入新鲜的自制豆花、各种酱料、肉碎、小菜等混合而成的。它们的组合看似简单，但季节的差异、摆放次序的不同，对其味道会产生很大影响。

## 豆花米线的做法

食材：上好的米线、辣椒油、酱油、食盐、味精、韭菜末儿、小葱、姜、蒜、胡椒粉、冬菜、豆花、花生、芝麻。

1 烧一大锅开水，米线入水，烫熟。

2 花生捣碎，姜蒜切末儿，小葱切成葱花；冬菜清洗干净，开水浸泡后，再挤干水分，剁碎。

3 豆花用水微煮，取出，沥干水分。

4 米线盛出装入小碗，放入韭菜末儿、花生碎，倒入酱油，淋上豆花，搅拌一下后，放入食盐、味精、葱花、姜末儿、蒜末儿、胡椒粉、芝麻等作料。

5 辣椒油可根据个人口味选择，建议分别品尝一下辣与不辣两种口味。

# 过桥米线

## 创新又接地气的美食

比起面条，晶莹剔透的米线“卖相”更佳，而过桥米线更是色彩斑斓：细细的米线浸在香喷喷的汤里，碧绿的青菜，白白的肉片、鱿鱼，白里透黄的鹌鹑蛋，褐色的生菜，泛绿的芹菜等散落其间，味道怎能不让人垂涎！

妈妈说，我第一次和米线接触是在刚长牙不久，在屋子里专心玩乐的我被一股莫名的香气吸引得“呃……啊……啊……”乱叫，一边叫喊一边还抓弄着玻璃和窗帘。在厨房里忙活的妈妈听到我的叫喊声，连忙跑来问：“乖儿，咋啦？”我继续拍打着玻璃窗，妈妈好像会意了我的想法，抱着我来到厨房，给我盛了一小碗汤，吹凉了喂到我嘴里。妈妈说，那是我第一次喝到米线汤，我当时陶醉的表情，让妈妈觉得生活好幸福。

小时候，家里条件一般，米线虽不难制作，但配料较多。在那个年代，吃一顿配料丰富的米线可不容易，因此只有逢年过节，妈妈才做一次全配料的美味。米线原料的品质，决定了过桥米线的口感；底料的用量和调制，则决定了其整体的味道。用料多了，不仅咸还会覆盖辣的味道，量小则会使汤的口感变差。

米线可作为主食，又可作为小吃食用，在南方十分流行，不过似乎只有云南人将其称之为米线，其他地方则称之为米粉。关于米线的做法，各地各不相同，有的地方做的甚至只是如“乱炖面汤”一般。说也奇怪，我从小不喜面条一类的食物，却唯独喜欢米线。用南方大米制成的米线晶莹剔透，散而不乱，口感细滑。云南米线可分为两大类，一类是大米经过发酵后磨粉制成的，俗称“酸浆米线”，工艺复杂，生产周期长。这种用传统方法制作的米线，筋骨好，滑爽回甜，有大米的清香味。另一类是大米磨粉后直接放到机器中挤压，靠摩擦的热度使大米糊化成型，称为“干浆米线”。干浆米线晒干后即为“干米线”，方便携带和贮藏，食用时，再蒸煮使其涨发。干浆米线筋骨硬，劲道，线长，但缺乏大米的清香味。

过桥米线是云南特色小吃，提起米线，相信吃过的人也都看过“秀才读书，妻子每日送过桥米线”的故事——

几乎每一家米线店铺都会将此故事张贴于店内。只是，传说毕竟是传说，作为与北方面条相似度较高的食物，谁也无法准确地说出米线的真正由来。比起面条，晶莹剔透的米线“卖相”更佳，而过桥米线更是色彩斑斓：细细的米线浸在香喷喷的汤里，碧绿的青菜，白白的肉片、鱿鱼，白里透黄的鹌鹑蛋，褐色的生菜，泛绿的芹菜等散落其间，味道怎能不让人垂涎！

云南的美食数不胜数，对于我这样的吃货来说，要选出一个最好吃的实在过于残忍，但让我选择一个最有感情的，我会毫不犹豫地选择米线——这与我的成长经历有关。高三，正是处于千军万马过独木桥的紧张时期，每天早出晚归是家常便饭。第一学期初，我为了节约时间，早中餐通常是怎么省事怎么吃，可是很快身体就顶不住了。妈妈说，高三学习紧张，身体是革命的本钱，她一边笑着给我讲“过桥米线”的传说，一边和爸爸商量如何把米线给我带到学校当午饭。此后，每周的两个早上，妈妈都会把煮好的米线放在一个食品袋里，把早晨熬好的鲜汤放在一个饭盒中，将前一天整理好的青菜、肉丝、调料等分别置于小饭盒或保鲜袋中。中午，我会端着饭盒去老师的办公室用微波炉加热鲜汤，然后将米线倒入汤中，再佐以青菜、肉及小料等，盖好饭盒盖，再加热一分钟，家庭“方便米线”便制作完毕。米线汤麻辣爽口，汤内丰富的营养再加上热气腾腾的米线，吃下去暖心暖胃，最重要的是感受到了妈妈给予我的爱。她笑言，这是受了“过桥米线故事”和方便面做法的启发而创新的方法，虽然比不上现做的米线味美，但满足日常营养的摄入是没问题的。

有趣的是，在我的“带动”下，周围一些同学也如法炮制，隔三岔五地带米线来学校。更为有趣的是，后来和几位同学约好一起带米线去学校吃，每家准备的配菜、肉略有区别，这既节约了家长们前期准备的时间，还能保证我们几个同学的营养均衡。可以说，除了爱我的父母、关怀我的老师外，是米线陪我度过了高中生涯最劳累的时期。

相比而言，到天津读书，再到留在北方工作后，想吃到一碗正宗的米线就没那么容易了。街头巷尾自称正宗的云南过桥米线小店不少，可事实上，真正正宗的并没有，至少我试过的几十家店，汤都是用调味剂“调”的，而非慢火熬制而成。更重要的是，天津的上汤口感较咸，与家乡那重在酸辣的口感截然不同。这也使我想吃家乡米线的心更为迫切，大学时代，每每假期回到家中，我总会央求妈妈做一顿传统的米线解解馋。

记得有一年寒假随同学去内蒙古，经过将近一天的长途跋涉，我来到了鄂尔多斯。春节刚过，积雪刚消融，当地气温还在零下。抵达宾馆后，我决定出去转转，一边走，同学一边向我介绍牛肉干等当地特产，虽然平时也吃过，但内蒙古的牛肉干确实更加酥香、有嚼劲儿，酱香包裹着肉皮，一丝丝，一块块，肚子很配合地叫了两声，好像在说：“嗯，就是这个味！”

次日吃午餐时，发生了一件有趣的事情，我和同学在街头寻店，无意中看到了四个大字“过桥米线”，便提议登门尝尝。店内生意热火朝天，也许因为还在正月里，店里还有不少老外。我点了两份传统米线，开始了漫长的等待，期间，我数了数，二十几张桌子挤着五十多人。二十多分钟后，服务员把米线端了上来，那热气腾腾的米线香气倒是和我家乡的有几分类似，还有同样色彩鲜艳的汤料，我不禁推碗动筷，一口下肚，米线鲜滑无比，上汤异常鲜美，辣味十足。我一边享受美味，一边看了朋友一眼——他也在狼吞虎咽，我俩没出息的样子，引得邻桌老外发声憨笑。

结账时，我夸老板的手艺非凡，老板却听出了我的口音，再一深聊，我们竟是邻镇的老乡，难怪他做的米线与我儿时记忆中的十分相似。这位大我五岁的老板，几年前来到妻子老家，一家四口人在这里安顿下来，他无意中发现当地的牛羊鸡肉味道极其鲜美，便萌发了改良过桥米线并开店的想法。在家里试了两三个星期后终于确定手法和配料，于是和妻子用全家的积蓄开了这家小店。所用的米线自然由老家人从云南快递而来，肉类的配菜则在当地选购，他说，配以当地散养的鸡肉，用传统方法熬汤，味道鲜美，完胜任何调味剂调出的“香汤”。当地的牛羊肉肉质鲜嫩，入锅即熟，这样做出的米线，既保留了云南传统过桥米线的味道，又满足了当地人对牛羊肉的喜好。

看来，任何传统工艺加工的美食都不会被时代淘汰，而任何美食想成为过江龙，不仅要色香味俱全，还要更接地气。

# 过桥米线

米线汤麻辣爽口，汤内丰富的营养再加上热气腾腾的米线，吃下去暖心暖胃。

## 过桥米线的做法

食材：米线、鸡半只（也可根据自身喜好，酌情改为鸡架、鸡腿等）、鸡胸肉、猪骨、猪里脊、豆皮、鱿鱼、葱花、葱段、姜、蔬菜（可根据个人喜好选择）、香油、盐、味精、香菜、胡椒粉、辣椒油。

1　干米线放在温水中浸泡 3 小时左右，待其变软，置入开水中煮，待其更软且有弹性，取出备用。

2　用传统手法熬汤。首先将鸡、猪骨洗净，入开水锅中略焯，去除血污再入锅，加足量的水，适量加入葱段、姜，用小火熬 3 小时左右，至汤呈乳白色时，捞出鸡、猪骨，汤取出。

3　将鸡胸肉、猪里脊分别切成薄片备用，鱿鱼切成薄片，沸水焯后取出。

4　豆皮用冷水浸软切成丝，在沸水中烫 2 分钟后，泡在冷水中待用。

5　将根据个人口味选择的蔬菜清洗干净，切好备用。

6　选高深的大碗，放入少许切好的肉片，将锅中的滚汤舀入碗内，加入适量米线，静置几分钟，待米线充分软化后，加盐、味精、胡椒粉、香油、辣椒油等，并将剩下的肉片、鱿鱼片等依次放入碗内，用筷子轻轻搅动即可烫熟，再将菜依次放入汤中，加葱花调色调味。

# 毫糯索

## 西双版纳雨中的邂逅

洁白的盘子里，装着一个用芭蕉叶包着的东西，我小心翼翼地解开捆着的线，里面是一块貌似年糕一样红褐色的东西，散发着一股悠悠的清香。我拿起筷子夹了一小块放进嘴里嚼起来，口感和年糕差不多，却有一股芭蕉的清新，再加上芝麻和花生的喷香，吃起来绵绵糯糯，略带甜口，别有一番风味。

春雨最懂得生命的追求，蒙蒙细雨从天边飘来，我急忙到旁边的一家小店躲雨，这里正好是一家经营小吃的，我招呼来老板，问他这里有什么特色小吃，面容黝黑的老板露出一口洁白的牙齿笑着说："小伙子，这会儿最应该吃毫糯索了。"我一听这奇怪的名字，好奇心顿时就上来了："好，来一份。"说罢，坐在最靠近小吧台的桌前。

等待中，我突然闻到一阵花香，清新的香气中带有一丝微微的甜腻，我四处寻找，那是那小店门口一株缅桂花树散发出的香气。阳春下，微风里，缅桂花树斜斜地伸展着枝条，无叶无绿，只是优雅宁静地朵朵绽放。

"你好，你要的毫糯索来了。"当我看得入神时，一个脆生生的声音闪过，我一时间没有听清，定神一看，是个十六七岁、身材娇小、身穿傣族服饰的小姑娘。她把手里端着的东西放在桌上，洁白的盘子里，装着一个用芭蕉叶包着的东西，我小心翼翼地解开捆着的线，里面是一块貌似年糕一样红褐色的东西，散发着一股悠悠的清香。我拿起筷子夹了一小块放进嘴里嚼起来，口感和年糕差不多，却有一股芭蕉的清新，再加上芝麻和花生的喷香，吃起来绵绵糯糯，略带甜口，别有一番风味。小姑娘见我一脸享受的样子，"扑哧"笑了起来。

第一次吃到这样的年糕，它不似汉族年糕那般味道单一，不似糯米糍那样口味偏甜，吃到口中，它也那么柔糯，但此时更多的是一种清新。一块下肚，不免舔一下粘在口唇上的渣，恰到好处的甜味充满味蕾。不知这清新的口味是随春雨而来，还是因眼前妙龄的傣族姑娘而生。

见我吃得陶醉，小姑娘收过钱，坐在小吧台的凳子上，嘴角微微上扬。我放下筷子，问这美食的来头。她说，现在是傣族的“春节”，这毫糯索是傣族语的“年糕”。毫糯索无论是味道还是口感，都跟汉族的年糕有相似之处，不过它的做法更为讲究和精细，特别是如石梓花等几种关键的原料是当地才有的，且只有当季的原料才更有味道。更重要的是，用来蒸熟的器具并不是汉族的蒸锅，而是傣族的木甑，如此做出的味道才更具特色。所以，正宗的毫糯索几乎只在西双版纳当地才能吃到，其他地方类似的小吃，肯定是改良过的。

言谈中，雨停了。得知我第一次来景洪，这位名叫玉恩的傣族姑娘兴致勃勃地带我去大佛寺。玉恩是个活泼的女孩，一路上和我聊个不停，我此行最想感受的是傣族的春节。玉恩说，经过一天叫“腕脑”（意为“空日”）的短暂休息，傣历新年的元旦日“腕叭腕玛”（意为“日子之王到来之日”）就到来了，她们傣家人把这一天视为最美好、最吉祥的日子，这一天最好玩儿的活动就是“泼水”。一盆盆清澈冰凉的水浸润着我的头发，穿过我的心扉，仿佛天空不断飘着的细细雨丝，把树木花草清洗得一尘不染，空气湿漉漉的，很新鲜。我深深地吸了一口气，让西双版纳湿润的空气浸润我的五脏六腑，此时，口中毫糯索的余香回味无穷。微笑盛开在人们的脸上，像美丽的花朵，玉恩的笑脸更像是一首传统激扬的歌谣，每一个音符都流露出动人的真诚，温婉亲和而不失丽质。

晚上，玉恩带我去放孔明灯，一边吃着毫糯索，一边将一盏盏充满希冀和祝愿的孔明灯冉冉升起，以此祈福来年平安康泰。毫糯索的清香、满天的繁星、不绝于耳的虫鸣，还有那一盏盏水灯顺江漂流……这一天，我深深迷上了傣族这别样的春节。

# 寻味记事

北方，气温回升的春季。一天清晨，我匆匆走去教学楼，很巧，途经宿舍楼下的缅桂花树下时，再次闻到一丝淡淡的缅桂花香。风吹树动，我停住脚步，细细端详，千枝万蕊的缅桂花莹洁清丽，朵朵向上，如削玉万片，晶莹夺目，散发着阵阵清新、淡雅的幽香，令人心旷神怡。“看不出来，你一个男人还挺喜欢看花。”耳畔边，似乎回荡起玉恩那银铃般的声音。

很久没吃过毫糯索了，一个周末，我们几个伙伴应约到同学家玩儿，我说好了给大家做傣族年糕露一手。玉恩曾经说过，石梓花是西双版纳等地特有的品种，网店只有干花。我从网店买来一些必要的食材，提前一天泡好糯米，带去同学家。

得知这个特色小吃是我在西双版纳傣族女孩家吃到的，大家都拿我“开涮”。其实，自从离开西双版纳，只是偶尔和玉恩在QQ上聊过几句，加之课业较重，后来即使看到她用手机挂着QQ，也很少主动说话了。

用买来的石梓花做成的毫糯索，吃起来香甜滑糯，芭蕉叶经水泡过，再蒸，使毫糯索中存有淡淡的清香。不知是石梓花不够新鲜，还是手法不够纯熟，总体来说，少了那么一点儿感觉，或许是少了玉恩那脆生生的声音以及灿烂的笑脸。

相遇，心绪如白云飘飘；拥有，心花如雨露纷纷；回首，幽情如蓝静夜清。

# 毫糯索

第一次吃到这样的年糕，
它不似汉族年糕那般味道单一，
不似糯米糍那样口味偏甜，
吃到口中，它也那么的柔糯，
但此时更多的是一种清新。

## 毫糯索的做法

食材：糯米、干石梓花、红糖、芝麻、花生仁、猪油、纱布、芭蕉叶。

1 提前一个晚上将糯米浸泡，次日见其柔软后取出。

2 淘洗干净后，磨细、打浆，用纱布将浆滤掉备用。

3 把滤好的糯米拌入磨好的石梓花中，再拌以红糖、芝麻、花生仁、猪油，充分揉搓，使其均匀混合。

4 用五指少量抓取揉好的毫糯索，放入摊平的芭蕉叶片上裹好，尽量分量相当，一般可制成大小适宜的长方体，用蒸笼蒸至熟透即可食用。

小贴士

毫糯索一般是当天蒸制当天食用，隔夜后应复蒸一次再食用。假如一时吃不完的话，可晒成干品，用油炸了后再吃。

# 虎掌菌

## 丽江的惊觉『宴遇』

这菌粗壮、肥大，摸上去肉质细嫩，菌体长满细细的茸毛，有明显的黑色花纹，菌掌形似虎爪，其名也由此而来。取到眼前，一股鲜野生菌特有的香味袭来，让人闻过恨不得马上咬一口。

关于丽江古城的历史自不必多说，这座始建于13世纪后期的古城，是中国仅有的以整座古城申报世界文化遗产获得成功的两座古城之一。若有时间来游玩，可以在古城内体验不同民族的生活和风土人情。

我选在一对汉族年轻夫妇开的客栈住下，并不是因为他们的客栈便宜，而是店家说，他们这里有虎掌菌盛宴，前提是必须预约，且价格不菲。我来这里之前，便在QQ中早早咨询了客栈老板，他发了一个龇牙的笑脸说："哥们儿你真会挑地方，来我家客栈的，都是你这样的吃货。”他家的虎掌菌，都是他妻子从当地少数民族朋友的手中买来的。虎掌菌每年七到九月生长在高山林地，喜在夏秋季节混交林中的土地生长，与气候有极大关系，国内的甘肃、西藏、云南、四川等山区生有少数野生虎掌菌，其中云南以丽江、楚雄为主。由于人工养育难度大、成本高，因此其价格不菲。

我独自住下，放好行李便准备去玩儿，让老板晚上做好这道美食。他说，正好有几个来店里的“吃货”都想尝尝虎掌菌，可以让大家拼单，一来可以节约一点儿，二来可以多做几种菜式，大家各尝一些，最重要的是，既是吃货，只有聚在一起品味才更有情趣。我欣然接受。

黄昏，我拎着一瓶当地的美酒回到客栈，一进那间由老板客厅改造的餐厅，一股浓郁的香味飘来，菌香、肉香、极少量却又刺鼻的蒜香、炖汤的香气……似乎，两个鼻孔此时已经不够用了。餐桌前已经坐定三个客人，大家正在互加微信，给桌上的美食拍照，忙着发朋友圈。大家一边等着最后一个客人，一边议论着虎掌菌，老板一边忙活，还不时地与我们插一句嘴。我好奇虎掌菌的模样，便去厨房的水盆中看个究竟。这菌粗壮、肥大，摸上去肉质细嫩，菌体长满细细的茸毛，有明显的黑色花纹，菌掌形似虎爪，其名也由此而来。取到眼前，一股鲜野生菌特有的香味袭来，让人闻过恨不得马上咬一口。

又等了一会儿，五个客人凑齐了。老板很配合地做了五道菜：虎掌菌炒鸡丝、虎掌菌炒腊肉、虎掌菌烧肉、虎掌菌炖草鸡、虎掌菌清汤。看上去，这虎掌菌的色泽并不诱人，鲜菌为黄褐色，切丝、下锅翻炒后，菌丝几乎呈黑褐色，因此必须在配菜上下功夫，才可为其增色。比如这虎掌菌炒鸡丝，菌色深，鸡肉色泽淡，若只将它们炒到一起，盘子里岂不是成了“黑白双丝”？于是，青、红两色的彩椒必不可少。再说这虎掌菌炒腊肉和虎掌菌烧肉，菌、肉皆为深色，可不用特意配菜，但可在刀工上下点功夫，菌可切丝，腊肉可切片，菜形方面略有差异。

经翻炒的虎掌菌口感奇佳，肉质鲜、软、嫩；经炖煮的虎掌菌汤汁鲜美，菌片嫩滑，比起常见的口蘑、蟹味菇等菌菇要鲜香数倍。网上有资料称，虎掌菌为十大名菌之一，尝过之后顿觉名不虚传。据称，这虎掌菌在古代被视为上贡珍品，因其产量极少，国内外市场供不应求，此其价格高居不下之因。不少看到商机的专业种植户试图人工种植，但尚处研发和实验阶段，其产量并不高。

大家一边吃着，一边品尝我带来的小酒，腊肉、烧肉、鲜菌下酒再美不过。言谈中，一位来自北京的客人讲了一个小故事，传说明建文帝朱允炆被朱棣夺了帝位后逃到云南削发为僧，后被朱棣的刺客盯上了，刺客在一道菌菜中下毒，建文帝吃后本该一命呜呼，但次日仍精神百倍，讲经说法，原来这虎掌菌是由天神赐予建文帝的避难之食。后来，产量稀少、味道鲜美的虎掌菌名声大振，成为宫廷和达官贵族的专属佳肴。

那晚的虎掌菌美宴真真儿是价格不菲，均摊费用之后发现，相当于每个人多买了一张单程机票。但世间的钱是挣不完的，而这美食，也是吃不尽的，不是吗?

我吃过的菌菇品种不少，菜式也是五花八门，唯丽江那晚的“宴遇”给我留下最深刻的印象。那次“宴遇”后，我存好客栈老板的QQ和电话，请他以后有晾干的虎掌菌就快递给我。精明的老板说，鲜菌根本供不应求，他几乎没时间去晾干，除非我愿意先按照鲜菌付款，他免费帮我晾干，快递费到付。

我想了想，决定先不买。并不是因为它价格高昂，而是在我看来，吃货可以为美食折腰，排队等上半天，或者高价菜都可以接受，但这种半强迫似的交易实在让人心里不舒服。

巧的是，两年后的一次户外徒步活动中，我认识了一位来自丽江做茶生意的姑娘，我们一路彼此照顾，艰难地走出峡谷草地，其间相谈甚欢，她答应回家后收拾一些干货送我，我则答应送她一些海鲜干货作为交换。

收到礼物是一个工作日的下午，打开包装盒，一股熟悉而又久远的奇香扑面而来，我生怕这美味散尽影响口感，便赶紧重新包裹，告诉女友留好肚子，晚上有惊喜。

按照丽江姑娘的建议，我用极少量的温水将干货浸泡，5—8分钟后倒去温水，将其洗净（姑娘说，自家食用的鲜菌经过处理，只需去掉第一遍水，洗去晾晒的浮土即可）。将第二碗泡后带有浓郁菌味的温水留下，可炒菜提鲜，亦可炖汤时加入。水发的虎掌菌，色泽与鲜菌略有不同，通体呈深褐色，少了一分鲜亮，多了一分浓郁的香气。浸泡后取出，切丝、切片，丝毫不觉得肉质受到明显影响。浸泡后留下的温水，对收汁、提鲜有着极好的作用。

我尝试着用发好的虎掌菌炖了鸡翅。鲜香的鸡翅入口，多出的淡淡菌味便在口中散开。水发的虎掌菌经过短时间的炖煮，多了鲜汁，味道更为饱满。我问女友美味如何，女友笑了笑抱怨道，虎掌菌味道太美，又易入味，害得她多吃了半碗米饭。

## 虎掌菌炒鸡丝

经翻炒的虎掌菌口感奇佳，肉质鲜、软、嫩；经炖煮的虎掌菌汤汁鲜美，菌片嫩滑，比起常见的口蘑、蟹味菇等菌菇要鲜香数倍。

## 虎掌菌炒鸡丝的做法

食材：干虎掌菌（鲜的不好买，且运输途中易损耗）、鸡胸肉、葱、食盐、淀粉（根据个人口味选择）、青红黄等彩椒、大蒜。

1 用温水浸泡干虎掌菌，倒去第一碗浸泡的水，再倒水浸泡，待干菌肉松软后取出，汤水可留、可倒。

2 水发的虎掌菌切丝，鸡胸肉洗净、切丝，葱切末儿，彩椒切成与鸡丝相仿的细丝，大蒜切末儿。

3 用葱末儿炝锅后翻炒鸡胸肉，待五成熟左右，倒入虎掌菌丝一起翻炒，快熟时，加入彩椒丝、蒜末儿、食盐，混合翻炒后即可出锅。

4 若有勾芡的习惯，可在加入彩椒丝、食盐简单翻炒后，迅速倒入勾芡汁，炒后出锅。

小贴士

和其他菌菇相似，虎掌菌可用煮、炖、炒、煸、爆等多种方法烹饪，可配辣椒、大蒜提香、增味，也可不加。

# 建水汽锅鸡
## 蒸出回忆的极致美味

常言道，工欲善其事，必先利其器。从古至今，精妙绝伦的美食永远离不开优质器皿的烧制和衬托，正如娇艳的鲜花需要绿叶的衬托。这建水汽锅鸡，便是这样一道如鲜花和绿叶的关系一般的美食。除了味道鲜美、回味无穷之外，对它的感情和青睐，更多来源于对爷爷的回忆。

爷爷是一名陶工，那被踩在脚底下不知道多少年的泥巴，在爷爷的手里完成了最美丽的蜕变，从平淡无奇的泥巴变成陶汽锅。那双带着厚重茧子的粗厚手掌，在抚摸泥土的时候，显得最为美丽、温柔。从爷爷的爷爷再往上数好几代，建水陶器已传承了千年以上，制作陶器也是我爷爷及几代人赖以生存的手艺之一。

汽锅是制作汽锅鸡必不可少的器具，它们的关系可没鸡和鸡蛋的关系那么复杂，自然是先有了汽锅后才有了汽锅鸡。这么多年来，从爷爷手上做出来的汽锅连他自己也数不清了。人们形容建水陶“明如水，亮如镜”“体如铁石，音如磬鸣”。对于我来说，只要闻到那一股熟悉的香味，便意味着一道美食的新鲜出锅！早年，云南杨林、建水等地用名贵药材冬虫夏草煨仔鸡，叫“杨林鸡”，煨鸡的陶制火锅叫“杨林锅”。杨林锅产于建水碗窑村，汽锅由当地红、黄、青、白、紫五色陶土精制而成，因泥料当中金属含量高，所以成器之后色如紫铜，声似磬鸣，光洁如镜，永不褪色。汽锅这样一个装盛食物的工具再经过文人的妙笔美化，将文化气质融入汽锅的灵魂，使陶艺、诗文、书画、雕刻融为一体，紫陶汽锅瞬间脱去了实用餐具的简单意义，升华为典雅古朴、品位十足的艺术品。美食、美器、美景、美色四美具，汽锅鸡也是食物与器皿的完美结合。

汽锅外形古朴，构造独特，似钵而有盖，肚膛扁圆，揭盖一看，中央有突起的圆腔通底，如火锅的上半部分。这一圆腔便是汽嘴，蒸汽沿此管进入锅膛，经过汽锅盖冷却后变成水滴进入锅内，成为鸡汤。炖三四个小时后，肉烂骨离，即可食用。

记忆中，逢年过节汽锅鸡一向是作为主菜出现的，这时家中平日的“主厨”就得靠边儿站了。只见爷爷忙个不停，他把拾掇好的材料放入汽锅。汽锅鸡就放在门口蒸，一个烧焦炭的大风炉，支一口黑铁锅，上面是块木板，掏个孔，汽锅就这样炖着，看起来跟蒸包子差不多。锅边还系着毛巾，小时候我总觉得很奇怪，我想是不是锅冷，看着四处冒着热蒸汽，不知为什么还要围条围巾？后来才晓得是为了防止漏气用的。隔上一段时间，爷爷还要过来把汽锅上下调换下位置。爷爷见我一脸好奇，慢慢解释说，蒸汽顺着气孔往上冒，总是最上面的熟得最快，所以要上下调换一下位置，这样每锅鸡蒸熟的时间就差不多了。

三五个小时后汽锅鸡就被端上桌了，一揭开盖子，清香扑鼻，汤色清汪汪的，一层金黄色的鸡油圈圈浮在汤上，掩映着沉在锅底的嫩白鸡肉。鸡肉才将离骨，刚好不酥不柴，耙而不烂。我贪婪地享受着这难得的美味，转瞬碗就见了底。爷爷总说，吃慢点儿，小心卡着，又指着他脖子凸出的部位说，看见没，这就是吃鸡翅膀卡着的。我赶紧摸摸自己的脖子说，我没有卡着，还可以再来一碗。

后来上了中学才知道，爷爷说的是喉结，不是吃鸡卡到，而是每个男人都会有的。18 岁是最美丽的年龄，但爷爷没等到我 18 岁那天便与世长辞。生日宴上，再也没有爷爷，再也没有承载爷爷深沉爱意的汽锅鸡。

回忆并不能让一些东西失而复得，但确实能给人们一份安慰。对于我来说，汽锅鸡是让我回忆爷爷最好的方式了。鸡汤鲜香醇厚，盛上一碗，甘醇爽滑，咽到肚里心都是柔软的，会让你在尝到嘴里的那一刻忘记所有烦心的事。

小时候，爸爸不常在家，我又体弱多病，赶上家里的鸡养好，爷爷就下厨做汽锅鸡给我吃，说是培养我的正气。我一直对“培养正气”有些不解，后来听爷爷解释才知道，此正气乃体中正气，而非道德正气。这培养正气的汽锅鸡，除了在锅里放入鸡肉之外，还需加入三七等药材。爷爷说，《本草纲目拾遗》中记载：“人参补气第一，三七补血第一，味同而功亦等，故人并称曰人参三七。为药品中之最珍贵者。”三七为补药，中医讲补药的作用主要是固本培元，也就是培养正气。那时候年纪小，只觉得好吃，巴不得天天生病，因为每次生病之后就可以吃上一锅汽锅鸡，童年傻傻的幻想却成了我最美好的回忆。

大学的一年，我们搬家了，从原来的土掌房搬到了砖瓦房里，新房很漂亮，条件设施也更齐全。暑假回到家，望着面前的房子，我却突然不想进去了，爸爸、妈妈、奶奶他们都在，还是原来的样子，没变的甚至还有那布满皱纹却依然微笑的脸庞。

我转遍了每个房间，原来的家具、电器早已更新，一种陌生感油然而生。头上平整的房顶和漂亮的灯池，远不如原先的木梁、泥质且带有裂纹的屋顶那般熟悉。

我问奶奶："汽锅也搬来啦？"奶奶说，没搬，爷爷走了，汽锅基本也用不上了，就在老宅里放着。虽然有些不舍，但没有办法。

汽锅没有了，爷爷留给我的记忆也画上了休止符。

没了爷爷亲手制作的老汽锅之后，就难得在老家再吃上一次汽锅鸡了。我嘴馋了不是叫外卖，就是到同学家吃。后来出差到昆明时，听说有一家汽锅鸡很正宗，不管品味道还是看环境都没的说。

趁出差闲暇之余，我去重温那记忆中的味道。那家饭店的建筑是云南地区的四合院住宅，外观方方正正，犹如古时的一块印章，所以俗称“一颗印”。这座老房子已有150余年的历史，由它改造而成的餐厅重新焕发活力。整个院落，一砖一瓦、一石一木无不经历了沧桑的岁月，完整保留了清代的特点及室内陈设，是昆明的经典老房。

老板娘很热情，不一会儿就招呼着上菜了，汽锅刚端上桌时，我就被这个精美的陶器所吸引——色如紫铜，光洁如镜，犹如古朴典雅的艺术品。在器盖上用雕刀镂出一枝青青的竹叶，让人感到其工艺之细。服务员轻轻揭开盖子，便有一股鲜香的味道扑面而来，直入五脏六腑。一眼望去，锅中水汪汪的，汤色清亮见底，清澈得如同矿泉水，还有黄田玉似的一抹蜡黄在锅中荡漾，一股温润之情油然而生。

我喝了一口汤，一股纯净的原香甘甜直入心脾，只有鸡肉原味的鲜香醇厚，绝对没有一丝尘世那些泛滥的调料味。

在这追求膏粱厚味的年代，这种原始醇香的汤汁，像一杯新泡的清茶般温肠暖胃，像一股清新的山泉般清肝润肺。这个时候，我竟一时回忆不起来爷爷做的汽锅鸡的味道究竟是怎么样的了。我突然意识到，那些曾经紧紧关在心里的味道，仿佛随着这一锅汽锅鸡的香味都飘散了。

# 汽锅鸡

一揭开盖子，清香扑鼻，汤色清汪汪的，一层金黄色的鸡油圈圈浮在汤上，掩映着沉在锅底的嫩白鸡肉。鸡肉才将离骨，刚好不酥不柴，粑而不烂。

## 汽锅鸡的做法

食材：鲜鸡 1 只（刚下蛋的小母鸡或刚会打鸣的小公鸡最好），汽锅 1 只（家中不常用，可考虑网上自购，以建水陶器为佳），葱、姜、胡椒、食盐、料酒，竹笋、宣威云腿及三七、虫草、天麻等中药材可酌情自选（如果喜欢香气浓一些的，可以放一点儿松茸、云腿等；需要滋补的则可用三七、田七、虫草、天麻、淮山、杜仲、枸杞、银耳等）。

1 鸡洗净，带骨切小块，入锅汆洗，除腥味，挤干水分，否则后期制作汤汁时会影响口感。

2 清理虫草、天麻等自选中药材。

3 葱切段、姜切片备用。

4 鸡块放入容器中，加入葱段、姜片，倒入料酒，用手抓匀，腌制 2 小时左右。

5 腌好的鸡块装入汽锅内（不能加水），放入虫草、葱、姜、胡椒、食盐等。

6 将汽锅放入蒸锅内，蒸锅加足量水保持沸腾状态（汽锅坐在蒸锅上，必须用纱布将两锅接触之处堵上，使蒸汽进入汽锅）。

7 约三四小时后端出汽锅，拣去葱姜片，撒少许香葱即可享用。

# 建水烧豆腐
## 豆腐西施包入的爱

这个小小的精灵会用它特有的焦嫩、香醇和热烈，统一众口，让你久久地记着它。一小块软软的豆腐，在纱布的包裹下和重物的挤压下，有了自己的形状和个性，也有了自己的梦想和激情，然后在漫长的发酵过程里，它不断地积蓄着对世界的憧憬和爱恋，即使全身布满霉菌，仍然痴心不改。

建水旧称临安，那里豆腐的历史极其悠久，早在清代中后期就享有盛名，所以临安豆腐的名称一直沿用至今。建水豆腐以西门出产的最为闻名，只有用从西门古井——大板井和小节井——中打出的上等的水才能做出一流的豆腐。

高中时曾到建水的同学家做客，我好奇为什么当地很多人拿着锅碗瓢盆去接井水——虽然当地经济条件一般，可自来水早就通了呀！同学神秘地说，跟着去问问就知道了。当地人说，打井水是为了做豆腐，井水做出来的豆腐味道最正宗，特别是给挚爱的家人做美味，丝毫不得马虎。当地人说，大板井西边不远处，有一口直径和大板井相似的水井,即小节井。相传大板井圈于明洪武初年，故有“先圈板井，后建城池”之说。一年到头，不论是大板井还是小节井，总是水量充盈，水质清澈，味道甘洌，每天从早到晚，来井边取水的人络绎不绝，也就出现了家家户户有自来水却不爱用的有趣情况。

除了豆腐选料和制作工艺的精良外，建水烧豆腐的美味毕现还要仰仗烧烤的过程。入秋，几个人围着一个炭火盆，坐在小板凳上，小火盆上面架个镂空的铁箅子，晾干的豆腐被置于箅子之上，慢慢翻烤，直至焦黄才疏松可口、外脆里嫩、滑爽有质、香气回荡，竟烤得豆腐迅速呈圆球状。烤熟后，用筷子或小竹签无意中戳破充气的圆球，一股香气扑鼻而来。同学再拿出家传的用乳腐汁、辣子面、香菜末儿调成的汁及一盘干料。两盘小料各具特点，豆腐是热的，酱汁是凉的，置于口中，如历经冰火两重天；干料是粉状的，豆腐是鲜嫩的，混合在口中，干料的咸鲜、烤豆腐的清香，迅速霸占口鼻。

同学给我讲了当地的趣闻。相传，明朝以前建水人并不知道豆腐的制作方法，直至明初，大量的中原人来到偏远的建水，他们给这个边陲小镇带来了中原先进的生产技术，也带来了豆腐的制作方法。不仅如此，中原人还在建水发现了县城西边的大板井，用大板井的井水做豆腐，味道绝佳，因此西门豆腐就成了建水人“三顿不吃心就慌”的美味。

建水制作的豆腐品质优良，具有雪白如乳、细腻软嫩的特点。它的制作工艺较为复杂，黄豆须经筛选、脱壳、浸泡、磨浆、过滤、煮浆、点浆、成型、划块、发酵等十道工序。做好的豆腐，还得经过一个个主妇手工包制，“豆腐西施”在家里包着豆腐，也包着快乐。在很多建水人心里，生活离不开烧豆腐、包豆腐，这是在包制着生活，也是在包制着爱。

对于许多没有去过云南的朋友而言，建水烧豆腐从名字到形状，再到制作的过程，都是有些怪异的，但这些都无妨，因为这个小小的精灵会用它特有的焦嫩、香醇和热烈，统一众口，让你久久地记着它。一小块软软的豆腐，在纱布的包裹下和重物的挤压下，有了自己的形状和个性，也有了自己的梦想和激情，然后在漫长的发酵过程里，它不断地积蓄着对世界的憧憬和爱恋，即使全身布满霉菌，仍然痴心不改。直到有一天，它所等待的人来到它的身边，它会毅然投身炭火之上，为他痛苦煎烤在所不惜，长久积累的激情和热爱在炭火里得到升华，把满身焦脆和满怀的嫩热的激情，包括自己，送给他，化成香气，久久缠绵在他的唇齿和脏腑里，合为一体，直至完全融化在他的记忆里，陪伴终生！

从大清早到半夜，建水县城烤豆腐的摊子前总会有人围着那火盆，边吃边和老板聊天，好似这已经是一种生活方式，就好像成都人的茶馆生活。去建水，一定要试一试烧豆腐。

建水烧豆腐不仅做法奇特，连吃法都别有一番风味，蘸料有两种，一种是以腐乳汁、烧煳辣子面、香菜末儿调成的汤汁潮料；一种是用辣椒面、盐、花椒面、味精拌成的干料。我尤其喜爱潮料，用筷子夹起棋子大小的豆腐，浸入汤汁，小孔中吸满腐乳汁。咬破脆皮，汁液四溅，只见热气从无数蜂窝状小孔中散出，香味扑鼻。吃到口中，先别急着闭嘴，不妨让香味自然回荡。豆香回荡在口腔里，久久不能消失，令人仿佛置身极乐世界。

在建水，烧豆腐最集中的地方在东门朝阳楼下，朝阳楼虽历经多次战乱和地震，但至今近六百年，仍旧巍然屹立。城楼下的那些小店，都号称是百年老店，卖的烧豆腐也都是西门的，店面都不大，环境也一般，就是生意好。建水烧豆腐的做法和吃法在全国也是少见的精细，它能够将豆腐小块小块地制作，工序复杂，吃法烦琐，不像其他地区的豆腐或者大块的臭豆腐。这种精细颇有历史渊源，也是云南饮食文化的一种体现。

建水方言里儿化音很多，这种豆腐果儿的“果”字被建水人进行儿化音处理后，一经建水人说出口，一块普通的豆腐就披上了极具韵味和地方特色的外衣。建水西门豆腐果儿从来就没有离开过建水人的生活。烧一盆炭火，炭火上放置一架类似抽屉的铁炕，将豆腐果儿堆在四角，一群人围火盆而坐，火上熟一个，拣食一个。空气里，弥漫着豆腐经过炙烤之后的香味。

从城东走到城西，西门外不远处便能看到一些担水的当地人从巷子里出来。沿着地上的水迹走进去，便看到了建水最著名的大板井。井口直径达三米，这分明已经不是井，而是真正的泉眼，在过去被称为“溥博泉”。敲开井边的一道门，更是让我大开眼界，这便是《舌尖上的中国》第一季第三集里拍到过的板井豆腐坊。

热气腾腾的作坊里，几个“豆腐西施”双手飞一样地包着豆腐，边上的竹架子上也晾着好多排豆腐。在店里喝着豆浆，吃着豆花，和当地人聊一聊当地事，也是很惬意的。老板娘拿出些干豆腐切成薄片放在油里一炸，它们瞬间得到了升华，吃起来像是多了些肉味，又有些菌子般的鲜美，不买一些带走怎么行呢？

离开云南很久了，但是那小小的建水烧豆腐仍不放过我，连日里久久地撕扯着我的思绪，在我的记忆里拨弄寻找着它的味道。难忘那口满满、热热、香香的烧豆腐！能否再给我一个秋天，让我坐在烧豆腐的方桌旁，再咬一口烧豆腐，让那香热的味道灌满所有味蕾、肠胃和大脑？我愿什么也不想，就在这样的香气里陶醉。烧豆腐像是我前生的情人，经历三世劫难，从压榨、发酵到爆烤，而不变的依然是那一回眸的心动。以为相忘于天涯，不承想我还记得那唇齿之间的温热。

# 烧豆腐

用筷子夹起棋子大小的豆腐，
浸入汤汁，小孔中吸满腐乳汁。
咬破脆皮，汁液四溅，
只见热气从无数蜂窝状小孔中散出，
香味扑鼻。

## 烧豆腐的做法

食材：豆腐、纱布、腐乳汁、香菜末儿、辣椒面、盐、花椒面、味精、食用油。

1　买回来的豆腐切块，用小块纱布包好，用木板或其他重物压住，待水流尽后，拿掉纱布，逐个点盐，分开依次装入簸箕内，置太阳下暴晒，次日翻动，待白色的豆腐呈灰白色，即水分除去六七成，就可以烧烤了。

2　烧制前，可先将潮料、干料调好，潮料以腐乳汁、辣椒面、香菜末儿调成，干料以辣椒面、盐、花椒面、味精拌成。

3　取金属镂空箅子，用炭火烧烤加热，箅子表面刷油（最好是食用油而不是猪油，后者味道较重，会盖住豆腐的香味），将准备好的豆腐一个个地放在上面烧烤。

4　不断翻个儿，直到豆腐外皮膨胀呈圆球状，即可取下，蘸料食用。

## 洱海之夜的风花雪月

### 烤乳扇

乳扇是云南的特产，大理白族人民特有的风味食品。制作时将鲜牛奶煮沸混合食用酸炼制凝结，制为薄片，缠绕于细竿上晾干即成，是一种特形干酪。

飞机飞过洱海上空时，太阳已没入高空的云层，只有天际线一段还有些许亮色。透过窗子向下望去，沿岸的路灯静静地散发出昏黄的光线，把整个洱海包围起来，夕阳让水面有了一层金属的色泽。订了洱海旁的客栈，放下行李，独自去洱海边漫步。洱海的夜色别具风情，沿着岸边漫步，远山近水伴着枯枝朽木，路旁各色风味小吃的香味扑鼻而来。

说来惭愧，那么多美味小吃中，我独自在一个卖大理乳扇的小吃摊前停下，那时，并不是因为乳扇有什么特殊的味道，而是操持小摊的白族姑娘实在可人。她身着白族姑娘特有的服饰，头饰有着“风花雪月”的含义，垂下的穗子代表下关的风，艳丽的花饰代表上关的花，帽顶的洁白代表苍山雪，弯弯的造型代表的是洱海月。丰富的服饰没遮住她婀娜的身姿，她的面容姣好，五官精致，特别是那俊俏的眼睛甚是好看，或许是因为长时间劳动或在外风吹日晒，她的皮肤略显黑，双手也显得粗糙，在她劳作之间，偶尔能够看见她白皙的手臂。

我早就知道乳扇是云南的特产，大理白族人民特有的风味食品。制作时将鲜牛奶煮沸混合食用酸炼制凝结，制为薄片，缠绕于细竿上晾干即成，是一种特形干酪。由于美味可口，不但是当地人们喜爱的小吃，也是宴席中的名点。乳扇的食法可分为煎、蒸、煮三种，眼前白族姑娘的煎炸乳扇是较为普遍的吃法。一只小炭炉，一沓沓折好的乳扇，一把火钳和几瓶调味料，这些是烤乳扇小摊所有的“装备”。说来简单，却大有文章。白族人制作乳扇的历史要追溯到400年前，白族人善养奶牛，牛乳除日常饮用外尚有多余，为了保存牛乳，他们最终找到将其固化、晾干食用的方法，既能使牛乳保存较长时间不变质，又能使其不失去营养价值。很多游客到云南旅游，会听导游讲到“云南十八怪”，其中的一怪“牛奶做成片片卖”，指的就是乳扇。

一边等候她加工美味，一边凑近一片乳扇，尽享那淡淡的奶香。姑娘说，她家的乳扇有两种，有牛奶制成的，也有羊奶制成的，一般人都选择牛奶制成的乳扇，因为觉得羊奶乳扇有一点儿淡淡的腥膻味。我却并不介意，不只是我的鼻子算不上灵敏，更因我想多享受一下静静欣赏“风花雪月”的时光。

从那架铁皮小炉上，姑娘手脚麻利地穿出了一串串金黄色的烤乳扇。本来就可以生吃的乳扇，牢牢地被卷在小竹签上。在炭火的烘烤下，乳黄色的乳扇慢慢变软，姑娘在烤好的乳扇上刷上一层玫瑰糖浆，莞尔一笑，递到我手中。

很多客人都习惯拿着乳扇，边走边吃，累了随意地坐在海心亭里休息，吹吹海风。我却坐在小摊不远处，看着白族姑娘劳作。咬上一口，满嘴是清清的乳香和着玫瑰花的香味，浓浓奶香在嘴里游荡上半天，像极了烤奶酪的味道。玫瑰那略带甜腻的味道,也让我嘴角不自觉地上扬。乳扇的味道也许浓缩了太多的奶味，会让一些人吃不习惯，但我却非常热衷。

不似其他小摊主那样招揽生意，白族姑娘或是低头忙碌操持，或是微笑地注视着过往游人，那一刻，我发现生活竟如此简单和惬意，只要有一颗宁静而质朴的心……

## 寻味记事

当年孤身一人去大理，源于一场与同学的打赌，可笑的是，时隔多年，和我打赌的同学的容貌，我已经记不起来，打赌的原因更是无从想起。再次看到“大理”这两个字，心里念念不忘的，是那夜弯弯的洱海月和嘴里浓浓的乳扇味,还有那佩戴“风花雪月”头饰的白族姑娘。

要想在外地吃到正宗的大理乳扇几乎是不可能的，我也从没奢望还能在遥远的北方吃到那一美味。后来，和高中同学在QQ群聊天，不经意间说起那场赌约，说起那令我神往的白族姑娘，我一高中同学说，他没办法让我再次见到白族姑娘，却可以了却我想吃正宗大理乳扇的心愿——他可以给我邮寄原料，因为他正好在大理上学。世事就是这般奇妙，在我以为不可能的时候，还可以有这样一份惊喜，实在是一件幸福的事。

在公司迫不及待地打开快递箱那一刻，我的鼻腔迅速被一阵奶香充斥，同事诧异地捏着鼻子走来，以为我在收拾有异味的零食，我冲他们嘿嘿一笑，说他们不懂风月。

回到家，撂下所有的公务，扔掉手机，一头扎进厨房。将乳扇回软，去掉扇耳，摊开。将桃仁去细皮，下油锅炸至金黄色，捞出沥干油，将红豆沙、白糖、玫瑰糖、火腿末儿入碗拌匀。

那几天，我反复看着网上的教程，找到一道桃仁夹沙乳扇的妙方，虽说和当年白族姑娘的手法不同，但这是乳扇另一种极好的加工方式，我愿意用这样的方式，回味那令人神往的洱海之夜。学着视频里，把乳扇铺在墩上，摊上红豆沙馅儿。锅里注入油，烧至三成热，用筷子夹住乳扇，边炸边滚至筒形，不一会儿便呈现出好看的淡黄色。

到底是自己动手做的，连味道都觉得美味无比，咬一口，不同于烤乳扇的味道，桃仁夹沙乳扇更显得洋气许多，奶香特别浓郁，加上豆沙的甜味，口里充斥着一种特别的香酥味道，更加丰富多彩。

在无数个寂静的夜里，当心情烦闷时，我会努力回忆那天的美味，以及那"风花雪月"。"静下来，静下来。"耳边仿佛响着这呢喃。多年来，我无时不想着大理独有的美食，想去看看心心念念已久的"风花雪月"。

## 乳扇

咬上一口，满嘴是清清的乳香和着玫瑰花的香味，浓浓奶香在嘴里游荡上半天，像极了烤奶酪的味道。

## 乳扇的做法

食材：鲜木瓜或乌梅、鲜牛乳、调味酱汁（根据个人喜好选择口味）。

1 制备酸水，用鲜木瓜或干木瓜加水煮沸后，经一定时间取其酸液即为酸水。在没有木瓜的季节或北方地区，可用乌梅代替木瓜，制作时可按乌梅与水 1∶3 的比例煮沸半小时，然后取其清液即为酸水。

2 制作酸浆，先在锅内加入半勺由木瓜或乌梅制成的酸水，加温至 70℃左右，再以碗盛牛乳（约 500 毫升）倒入锅内，牛乳在酸和热的作用下迅速凝固，此时迅速加以搅拌，使乳液变为丝状凝块。

3 把凝块用竹筷夹出，用手揉成饼状，再将其两翼卷到筷子上，并将筷子的一端向外撑大，使凝块大致变为扇状，最后把它挂在固定的架子上晾干，即成乳扇。在晾挂期间必须用手松动一次，使其干后容易取下。

4 食用时根据需要，先将乳扇蒸软，再切块、切丝、卷筒皆可，也可涂抹调味酱汁增加风味。

小贴士

在每制一张乳扇后，需将锅内酸水倒出，重新放入新酸水。但使用过的酸水收集起来，经发酵后还可以备用。一般放入锅内的酸水与鲜牛乳的比例约为 1∶2，每 10 千克鲜牛乳约可制 1 千克乳扇。

# 卵石鲜鱼汤 临沧「野战」的美味

喝一口，味蕾便被鱼的香味、叶子的淡香、溪水特有的甘甜、盐巴的咸鲜等混合味道征服。用筷子剥开鱼皮，白皙的嫩肉外翻，夹一筷入口，肉质细腻，爽滑可口，略带泥土特有的味道。

前往西双版纳参加青梅竹马的好友婚礼前，我就和几个同学约好了一起去西双版纳的热带雨林走走。热带特有的植物、野象和未开化的原始森林早就令我神往不已。租来的汽车把我们扔在森林外围就离开了，我们请来的两位向导，一位是傣族小伙儿，一位是布朗族小伙儿，均持有一米长的砍刀，看到他们差点儿把我们吓出个好歹，他们说，砍刀是到丛林里砍树开辟道路用的。森林里的温度比外面要高许多，走了没有多远就觉得大汗淋漓，水很快就喝光了。向导说，森林里的清水可以直接饮用，说着，他们手捧清水，洗了洗脸，喝上几口继续前行。路越走越艰难，脚下的荆棘、身旁的树杈越来越多也越来越扎人，潮湿的河道周边到处是圆溜溜的卵石，卵石上布满青苔，十分滑脚。

我们预订的是一个“深度探险游”，只需自备少量干粮，午餐由向导就地取材。吃什么呢？原始森林内荆棘遍布，需要靠砍刀开路前行，可我心里想的却是地道的美食，事后同行的朋友对我一阵嘲笑。我见向导随身只带了一把砍刀和一个小腰包，没有任何多余的器皿和工具，心中充满好奇，也充满期待。

走到溪流边的一片相对开阔的空地上，两位向导合计一下说，午餐就在这儿解决吧。说罢，他们用傣语小声沟通了一番，示意我们原地休息，取出随身餐具，一个人去摸鱼，另一个人去砍柴、生火。不一会儿，傣族小伙儿生火完毕，找我要走了随身带的户外炊具。摸鱼的布朗族小伙儿很快回来了，他手里的一个小布袋里装着摸回的三条鱼。俩人熟练地开膛、去鳞，然后用我的小锅舀了一点儿水，把鱼扔进锅里，架在距火比较高的位置。我见到布朗族小伙儿的布袋里还有十多块洗干净的卵石，他先将卵石投入火中，过了几分钟后用木棍扒开，再把木棍当筷子一样，将烧热的卵石一块一块投入锅中。

我凑过去和向导打听，布朗族小伙儿说，这是他们民族最为地道的美食之一。他们的祖先擅长打鱼、摘果，以前生活艰苦的时候都是就地取材，外出一般会随身带些简单的工具和盐巴，他刚刚刮鱼鳞用的小刀就是腰包里的。说罢，他从腰包一个小口袋摸出几把盐巴，撒入锅里，又从附近找来几片不知名的叶子，撕碎扔进锅里一起煮。

约莫半小时，浓郁的鲜鱼汤味道飘了出来，我们每个人都闻得垂涎欲滴，似乎八辈子没喝过这么好闻的鱼汤。只见又浓又白的鱼汤里，底部铺着一层卵石，卵石表层接触的汤水不断翻滚，表面飘着三三两两绿色的叶子，浓香之余，一股清淡的叶香沁入肺腑。我们用小勺小碗均分，喝一口，味蕾便被鱼的香味、叶子的淡香、溪水特有的甘甜、盐巴的咸鲜等混合味道征服。用筷子剥开鱼皮，白皙的嫩肉外翻，夹一筷入口，肉质细腻，爽滑可口，略带泥土特有的味道。

烧石的干香融合鱼之鲜，呈现出一种鱼肉鲜嫩爽滑、汤清而鲜香的独特风味。置身于这深山丛林，享受这原汁原味的美食再美好不过了。我闭上眼睛，放空大脑，放松身体，享受着人与自然合一的美好境界。

我一边吃着，一边向布朗族小伙儿询问做这道美食的技巧，他笑言，比起他爷爷，他的手艺可差远了。他爷爷生活的年代虽然已有碗筷，但布朗族老人们更喜欢就地取材，做这道汤时，通常用巨大的芭蕉叶片，层叠编成锅一样的容器，在沙土中挖坑、生火，然后把烧热的卵石和简单加工的活鱼置入“芭蕉锅”中。他们现在做向导，一般会随身带着小刀、小锅（或者经沟通由游客自备）、打火机、报纸，这样会为游客节省很多煮汤的时间。之前的“芭蕉锅”，对打造鱼汤清香的味道也有一定作用，所以他会在投石煮汤时加几片叶子，既可除腥，又可提味。

离开西双版纳后，我在网上搜索这道美食，各地驴友均有攻略或晒图，景洪、临沧等地亦有餐厅发短视频介绍这道独具特色的布朗族卵石鲜鱼汤，但如我一般，在山林享受原汁原味美食的却寥寥无几。

# 寻味记事

对于滇南，我有着特殊的感情，似乎每去一个少数民族自治州或自治县，看到不同的风土人情，都如同到了一个陌生而又熟悉的国度。少数民族特有的服饰、语言、风俗、美食，无不令人期待和神往。但我们有着共同的肤色，有着共同的兴趣爱好，因此沟通起来极为畅快，特别是对于柴米油盐这些基本生活需求，几乎不会有任何隔阂。那次布朗族小伙儿在丛林中给大家做的美味令我至今难忘，无论何时想起来，似乎嘴里都会感受到那鲜美浓郁且略带泥土味道的鱼肉和浓汤的味道。

几年前到景洪出差，紧赶慢赶地忙完手里的工作，抽出小半天的时间跑去偏远的勐海县布朗族村落，试图再次享受那美味。在布朗族居多的城区和村寨找寻美食不难，我在一间古朴的布朗族饭店落脚了。一进门，一位脸上深深刻着皱纹的老汉迎上来，听说我要吃卵石鲜鱼汤，老汉呵呵一笑说，现在连他们自己也不会轻易用烧卵石的方法熬鱼汤了，用汉族的话说，那样的做法口味有点儿单一，只有鲜味，却少了其他味道。依他的建议，我让他做了一份现代的布朗族鱼汤，另配了几个小菜。

老汉说，布朗族人的食物和傣族的有相似之处，但又特点鲜明，布朗族更加偏好酸味食品，几乎家家户户都腌制酸味食品，如酸笋、酸肉、酸鱼等。点好菜几分钟，早已腌制好的酸笋、酸肉上桌，新鲜的嫩笋经过腌制，咸酸浸透，酸爽过瘾。

不一会儿，鱼汤上桌，锅底有着几块烧热的卵石，与之接触的汤水发出“嗤嗤”的声响，鱼身切成大小一致的条状肉，肉身上方撒有葱丝、姜丝，以及腌制过的、不知名的酸菜。我迫不及待地喝了一口鱼汤，咸鲜之美不绝于口，略淡的酸爽味道回荡口中。听老汉说，他年少时，不少族人还生活在深山野林，以渔猎为生，处理生食，以及这种就地取材的鱼汤几乎是每个男人都会的，女人则以腌制肉、菜为主。那个时候，解决温饱是第一位的，后来开始对一些菜品进行改良，这鲜鱼汤里加入了酸菜和葱姜丝，比起之前单一的咸味，营养又可口。

用现在流行的话说，对炊具、加工过程、配料进行适当的改良，无异于“创新”，而这“创新”又是在保留原有味道的基础上，融入了新的元素。

# 卵石鲜鱼汤

烧石的干香融合鱼之鲜，呈现出一种鱼肉鲜嫩爽滑、汤清而鲜香的独特风味。

## 卵石鲜鱼汤的做法

食材：新鲜鱼 1 条（可视个人口味选择）、砂锅、卵石、无烟炭、火盆、食盐、胡椒粉、葱、姜、蒜、酸菜、小红椒、小青椒。

1　新鲜鱼洗净、开膛、去鳞，切成较大的块或条，将鱼肉在食盐中反复蘸，然后置于空碟中腌制，建议腌制 1 小时左右。

2　葱、姜切丝，蒜切片或劈成两半，小红椒、小青椒切圈，酸菜洗净、切丁。

3　抖、搓去鱼肉表面的食盐，热锅入油，煎鱼，色泽变黄后取出。

4　炭火中投入卵石（千万注意防护，别烫伤手），烧热卵石，没特殊情况不用特意搅动炭火。

5　砂锅中倒入清水，放鱼（汤水以即将没过鱼肉为宜），加入葱姜蒜，鱼汤中投入一块块烧热的卵石（若担心卵石温度太低，可开小火加热配合），切记不要砸在鱼肉上，可沿砂锅四周放置，待汤水烧开，再投入剩下的几块，鱼肉上方放置酸菜，关火，盖盖，闷 3 至 5 分钟。

6　开盖，鱼肉上方点缀小红椒、小青椒圈，即可食用。喜欢胡椒粉的可以点一些胡椒粉提味。

# 弥渡卷蹄

## 吃过不想媳妇的白族美食

那赏心悦目的胭脂红色令人眼前一亮，比之金钱肘花，别有一番南方地区浓情的意蕴。柔而不散的肉型，薄薄的切片，尽显厨师精湛的刀工。弹性十足的外皮，入口略带酸爽的味道，整块鲜嫩、经腌制的瘦肉置于口中，嚼上几下，满口咸香。

地处白族腹地的弥渡县，美味数不胜数，其中四样最出名，那就是卷蹄、蜂肝、黄粉皮、酸腌菜，而又以卷蹄的名气最大。弥渡卷蹄为白族人民的传统美食，以色鲜味美、食法多样、易于贮存深受人们的喜爱。在昆明年货街上，弥渡上市最大宗的就是这东西。

卷蹄本是民间小吃，起源于明朝，具有“500 年吃法不变”的美誉。传说在清咸丰年间，弥渡的一位学子进京赶考，随身带了卷蹄做赶路的吃食，京城的学者、官员无意中尝过后对其大加赞赏，不知怎么又传入皇宫，皇帝品后也赞不绝口。后来那位学子是否考取了功名无从查起，但弥渡卷蹄最终成为皇室贡品，从此名声大震。

第一次吃正宗的卷蹄是大二那年春节去大理古城游玩，走累了，几个人便一起进入一家古香古色的老店。服务员热情地端上茶，送来菜谱，介绍他们的招牌菜，其中介绍到卷蹄时特意提高嗓门儿强调，原来这道美食本是从弥渡那边专程买来的，后来需求量太大，且走车费用太高，索性专请弥渡的白族师傅来店。这道美食不仅深受游人喜爱，他们这些本地或外地的服务员也很喜欢。我们几人此前吃过卷蹄，没觉得有什么惊艳，心想不过是一道凉菜而已，未曾想过还需店家这样大动干戈，于是我们点好心仪的美食后，依服务员的建议要了一盘。

很快，一盘卷蹄上桌，那赏心悦目的胭脂红色令人眼前一亮，比之金钱肘花，别有一番南方地区浓情的意蕴。柔而不散的肉型，薄薄的切片，尽显厨师精湛的刀工。弹性十足的外皮，入口略带酸爽的味道，整块鲜嫩、经腌制的瘦肉置于口中，嚼上几下，满口咸香。吃过一片，忍不住继续动筷夹起一片仔细观看，其外皮光泽适度，不暗、不透，卷肉纹理细致，切口平滑，绝非碎肉挤压成型。服务员上菜时我拉住他问起这道菜，他笑言，春节是卷蹄最好吃的时节之一，卷蹄最好是入冬时开始制作和腌制，春节刚好食用，制作卷蹄的过程不亚于一场外科手术那般细致，清洗、去毛、剔骨、填肉等 14 道传统工艺必不可少，特别是调味所用的红曲（就是宋应星在《天工开物》中说的那种化腐朽为神奇的红曲），用法用量十分讲究。包括腌制等所有工艺完毕，至少要一个月才行。这原本是少数民族的人为了保存猪肉而采用的“土法”，却因其美味和方便深受大家欢迎；原是过去只有春节才有的佳肴，如今一年四季皆可享受。

这卷蹄色泽红白透明，肉质酸香、鲜嫩，既兼有火腿、香肠的特点，又有它独特的味道，或蒸或煮，皆味美可口，佐餐下酒最相宜。我总觉得，能当作年夜饭上桌的美食，都是最了不起的，食物的使命就是将自身最美味的一面呈现出来。而卷蹄自从出现在年夜饭桌上，至今已有 500 多年，足够骄傲了。

人们常说，要想拴住他的人，就要拴住他的胃，所以，胃被拴在了弥渡，“不想媳妇”也并非空穴来风了吧。

春天是到弥渡的好季节，大学毕业后，我再次背着行囊，义无反顾地前往那个略带诗意的地方。

“小河淌水”成了弥渡的名片。在弥渡的大街上，著名的两座城市雕塑，一个是跳花灯的青年男女，一个就是一块大石头，上书“小河淌水”。把一首歌做成雕塑，也确实难为了设计师。不过在我这样的吃货看来，雕塑和美景永远不是吸引我去某个地方的理由，只有美食才有那样的独特魅力。

要说花开，哪也比不过弥渡十景中居第一景的“东谷梨花”开得放肆。万亩梨园，一簇簇梨花或热烈奔放，或温柔淡雅，肆意地开在春的眉眼间，开在画家的宣纸上，开在诗人的字里行间，开在光阴的轩窗里。

赏完梨花，做客在梨园的农家。寻一壶花茶，点几道特色农家菜，来一碗豆花，弥渡卷蹄也必不可少。有人说，吃卷蹄当然要去某某家，菜品出名，且受过宫廷青睐，其实则不然，卷蹄是白族人家家户户都拿手的好菜，况且白族的农家饭菜更具风味。

农家的白族老人说，弥渡在很久以前是个水乡泽国，若干年后大水退去，形成土质肥沃、湖泊星罗棋布的宽广坝子。山好、水好、环境好、气候适宜，所以这里养的猪又肥又壮。

他们制作卷蹄的猪都是自养的，饭店不会有那些精力去养猪，都是采购的。过去当地人为了生活得更好，会把养得最好的猪拿出去卖钱，然后买其他的物品。现在经济条件好了，肉质最好的猪，当然不会卖给别人换钱，都会留下自用，所以农家的卷蹄或许并不出名，但肉质绝对上乘，最有趣的是，十里八村之间，味道也略有差异。

于是，我在这户农家尝到了别具风格的卷蹄，与之前在大理古城所吃的相同的是，二者皆色泽鲜嫩，清香可口，略微酸。不同的是，老人说道，他们家使用了几种只有当地才有的腌料，口感更佳，适合现代人食用。

整桌农家菜中，好客的白族店家特意选了不同吃法的卷蹄做成拼盘招待游客。原来，这卷蹄不仅可以鲜吃，还可再蒸食用，或蘸作料，或配菜烹制，或煮汤提味，特别是再配以白族清淡的酒水，怪不得游人来此会“不想媳妇”呢。

# 弥渡卷蹄

这卷蹄色泽红白透明、肉质酸香、鲜嫩，既兼有火腿、香肠的特点，又有它独特的味道，或蒸或煮，皆味美可口，佐餐下酒最相宜。

## 弥渡卷蹄的做法

食材：猪蹄、猪里脊肉、红曲米粉、草果粉、胡椒粉、丁香粉、白酒、食盐、萝卜丝、炒大米粉。

1 将猪蹄洗净、拔毛（松香拔毛或沥青拔毛的猪蹄最好不用，建议用刀刮或用镊子拔毛，且必须无毛根残留在皮中或断在皮中）。

2 清洗后，用刀子从小蹄角上面划开皮肉，将骨剔出、皮下脂肪取出（瘦肉不用取出）。

3 里脊肉切成条状，宽约 3 至 5 厘米，厚为 2 至 4 厘米，越长越好。

4 将红曲米粉、草果粉、胡椒粉、丁香粉、白酒、食盐拌匀，一起倒在里脊肉上揉搓，也可以把红曲米粉放碗内，加白酒，点燃白酒，边烧边倒入盆里与其他配料搅拌，约烧 15 分钟即可。

5 把里脊肉填入猪蹄中，塞实，用针线缝好刀口。

6 填好的猪蹄，用细绳将其外部捆紧（农家一般用糯米稻草捆，味道特别香），将卷蹄放盆内腌 3 至 5 个昼夜，使作料充分渗透到肉中。

7 取出，清洗表面附着物，放入沸水锅内蒸煮（农家会加入一些中草药和作料，没条件的可以不用），蒸熟即可，切忌猛火蒸烂。

8 捞出晾凉，解掉捆绳，拆去缝线，空处用萝卜丝和炒大米粉（大米炒熟磨碎）填塞。

9 装入坛中，装时一层卷蹄胚、一层萝卜丝依次码放，尽量塞压紧密，密封坛口，15 至 20 日后即可食用。

# 木棉花炒肉

## 春天的『烈焰红唇』

碗口大的木棉花有五片火红色厚重的花瓣，肉乎乎的，炒前得把它们给摘了，还有花托、花帽，最后只留下光秃秃的花蕊，接着把花蕊一绺一绺地掰开用水煮一下才可以食用。

记忆中，家乡的春天来得很早，出了正月，嫩绿色便成为城区的主色调。春节刚刚过去，我家院子里的木棉花就开了。这意味着春姑娘的到来，一朵朵碗口大的木棉花就那样突兀地接在粗糙的枝干上，像一只只火红的号角仰天而鸣。爷爷说过，那是英雄吹响的号角，木棉花也是英雄花。

我没上过幼儿园，孩提时代几乎就是在院子里度过的。那时，我总是骑在爷爷的肩头去摘花，一朵朵木棉花很是红艳，似电视演员那炽热的红唇。我把比手还大的木棉花捧在手中玩耍，不一会儿，手指也被染红了。妈妈说：“别瞎玩儿了，木棉花可是好东西，我一会儿给你做一顿好吃的——木棉花炒肉，不过你得多摘点儿。”木棉花也能做成好吃的？我特别兴奋，拉着爷爷的手一直跑到院子里，摘光了能够到的所有木棉花。

木棉花炒肉听起来容易，可我站在小凳子上，踮着脚尖透过厨房玻璃看到妈妈做的时候，却感觉一点儿都不简单。碗口大的木棉花有五片火红色厚重的花瓣，肉乎乎的，炒前得把它们给摘了，还有花托、花帽，最后只留下光秃秃的花蕊，接着把花蕊一绺一绺地掰开用水煮一下才可以食用。那时还不懂什么是配菜和调料，只看到妈妈把一堆红红绿绿不同颜色的作料先后倒入锅里，和木棉花一起翻炒。不一会儿，从厨房的门缝那里飘来一股香浓醇厚的味道，很快，木棉花炒肉就成了我人生中第一道亲身参与制作（摘花也算）的美食。妈妈说，其实木棉花能做很多好吃的，煮粥、炖汤都是美味。

爷爷告诉我，木棉花不仅可以炒着吃，而且它的花、皮、根都可做药治病，他们小时候生病拉肚子，就是靠木棉花熬药治好的。每年春节后，我几乎每天都会跑到院子里看木棉花有没有开，待其开放，便搬着小梯子去摘花，然后嚷嚷着让妈妈做好吃的。

爷爷去世以后，爸妈先后外出打工，我上了寄宿高中，只有周末才回家，一边上学，一边照顾自己的生活。每年春节前，爸妈回家总会带来很多好吃的和礼物，每年木棉花开之前，他们又相继离开，说去给我赚大学的学费。那几年，木棉花开得很艳，我却吃不到美味。

高考那年，木棉花又开放的时候，妈妈回来了，拄着个拐杖，脚上裹着纱布，我一脸惊讶，妈妈说："儿子，给妈做个好吃的吧，木棉花炒肉。"我把妈妈扶进屋，摘花、洗净、剥离、切肉、下锅、翻炒、入料、装盘，尽管平时我都是一个人做饭，可还是第一次炒木棉花，我想象着妈妈做饭的样子，小心翼翼地回忆着每一个细节。端上菜，妈妈尝了一口笑着说："真好吃！"那一声赞赏，让我忍不住泪下，我突然意识到，18 年来，那是我第一次给妈妈做饭。

考入大学后，我很少有机会可以等到木棉花开再走，早早就要返回学校。我总给妈妈打电话说学校的饭菜不好吃，妈妈说："没事，家里好吃的很多，等你回来，一个个给你做，木棉花都给你存好了。"或许是儿时第一次尝到木棉花的味道，或许是对于爷爷的记忆，或许是对于第一次给妈妈做菜的印象，不知什么时候，木棉花炒肉这简简单单的味道，深深融入我成长的印记里，那一种说不出的滋味，闻不够的喷香，构成了我对家的味道的回忆。

# 寻味记事

想要在北方或者其他地方吃到新鲜的木棉花并不容易，因为它主要生长在中国的西南和华南地区。所幸木棉花采摘之后可以晒干储存，想吃的时候只需要用开水泡开即可，口感虽比不上新鲜的，但也算异地他乡的一种惊喜。

爷爷快走的那一阵子，整天躺在床上昏睡，偶尔醒来也是看着窗外院子里的木棉花发呆。我俯身到爷爷身边，想听他说着什么，可他已经说不出话，他就看看我，颤颤巍巍地抬起手指指着窗外，然后对着我笑。我立马就明白了，边哭边跑出去大声喊："妈，我想吃木棉花炒肉。"

每年清明节前，我都会早早订好车票，回家给爷爷上坟，亲手做上一盘木棉花炒肉，倒上一杯小酒，放在爷爷坟前，和他说说话，临走前，把酒倒在坟前，把盘里的菜吃光。菜虽凉，但味道依然是那样的香浓醇厚，我想，此生决不会忘掉那个味道。回望院子里的木棉花，那样的挺拔如斯，火红色的花朵竞相绽放，我想起木棉花的花语："珍惜身边的人，珍惜眼前的幸福。"就算我以为自己长大了，但是在那一瞬间，我终于发现，长大它包含了坚强、欲望、勇气、责任以及珍惜。

木棉树也许没有杨柳那般婀娜多姿，却犹如男子汉一般粗犷刚直；也许没有桂花树那般香飘四邻，却一样热情奔放；也许没有梅花那般暗香流溢，却一样执着坚定。

# 木棉花炒肉

爷爷告诉我，
木棉花不仅可以炒着吃，
而且它的花、皮、根都可做药治病，
他们小时候生病拉肚子，
就是靠木棉花熬药治好的。

## 木棉花炒肉的做法

食材：新鲜木棉花（或干花，需热水泡）、食盐、味精、葱、蒜苗、蒜瓣、豆瓣酱、鲜肉、干辣椒。

1　取新鲜木棉花朵去花瓣，取其蕊（注意捋掉花蕊上的花帽），放入水中煮沸，用冷水浸泡 1 小时后，捞出撕开备用。

2　少量香葱炝锅，炒香后倒入鲜肉，炒到八成熟盛出。

3　将锅洗净，置旺火上，倒入油，烧至六成热时，下干辣椒若干，接着放木棉花蕊、香葱、蒜苗、蒜瓣切片翻炒。

4　快熟时，倒入炒好的鲜肉，加入 1 勺或 2 勺豆瓣酱调味，根据个人口味放入少量盐、味精，起锅装盘。

## 木棉花陈皮粥的做法

食材：木棉花、陈皮、粳米、蜂蜜。

1　木棉花、陈皮洗净，加水煎汁，去渣待用。

2　粳米洗净，加水，中火煮，水沸后，加入木棉花、陈皮汁煮粥，改小火。

3　待粥快熬好时，加入适量蜂蜜，稍煮即成。

## 木棉花虾仁豆腐汤的做法

食材：木棉花瓣、豆腐、虾仁、竹笋尖、火腿、青豆、鸡汤（或浓汤宝）、食盐、味精、胡椒粉、生姜、葱白、葱花。

1 木棉花瓣、虾仁洗净，控水待用。

2 竹笋、火腿切丁，将豆腐切成小块。

3 热锅倒入油，油热时，先把生姜、葱白炒出香味，再倒入虾仁、竹笋丁、火腿、青豆翻炒。

4 八成熟后，将锅里的东西一起倒入砂锅，加入木棉花瓣，倒入鸡汤，小火煮。

5 熟后，加食盐、味精和胡椒粉调味即成，还可以撒一些葱花点缀提味。

# 西双版纳宿醉后的『艳遇』

期玛

> 香甜滑糯的米粥软得恰到好处，煮烂的糯米无需咀嚼便可碾烂下肚，细细的肉末儿可轻嚼，亦可直接吞咽。少数民族特有的调料香味让粥的味道倍增，咸鲜中略有辛辣，翠绿的香葱，提色又增味。

生病或饥饿时，一碗香喷喷的米粥似乎是最容易入口的美味了，或原味，或咸，或鲜，或甜，或凉……哪一种口味都独具特色，若配以肉、蛋、菜等入粥，营养和味道更是倍增。于我而言，尝过的各种粥中，唯哈尼族的一道肉粥最让人垂涎，其味道鲜美、米汁浓稠、风味独特。

第一次喝到这粥是在西双版纳，说来惭愧，青梅竹马的好友结婚的那个晚上我喝多了，不知是太高兴了，还是“没发挥好”，还是“降不住”傣族的美酒，抑或是五味杂陈的心思使然。总之，用同学们的话说，我是拎着酒壶到处敬酒，生生把自己灌多了。一觉醒来，头晕脑涨，肚子里空空的，又极度头疼，实在不想起身找吃的。

正在客房（我们几位关系很好的同学，住在青梅竹马的好友寨子的客房）痛苦地翻身，我睁开眼，房间就剩下我一个人了。就在我准备起身时，门开了，同学端着一碗粥走进屋，招呼我过一会儿喝下去。一股令人舒服的味道飘满房间，是米粥的香味，也是某种少数民族调料的香味，还有隐约的肉味。同学把粥端到床头柜，我凑着鼻子，挪动着身子爬过去，竹碗里的白粥，点缀着三三两两的鲜绿色，粥内隐约有点儿深色的肉末儿。我实在无力起身刷牙，便这么蓬头垢面地抓起竹勺。

平日饮酒过量后，我通常是难以吃下食物，那天却食欲大开。若当时房间里有摄像头，一定会拍下我难看又贪吃的一幕：我趴在床上，小半个身子探出床外，左臂垫着身子，右手抓着竹勺，一口口不间断地把粥吃到嘴里。鲜粥的美味至今还在我的脑海中回荡，香甜滑糯的米粥软得恰到好处，煮烂的糯米无需咀嚼便可碾烂下肚，细细的肉末儿可轻嚼，亦可直接吞咽。少数民族特有的调料香味让粥的味道倍增，咸鲜中略有辛辣，翠绿的香葱，提色又增味。

喝完粥，歇了好一会儿才觉得身子有点儿力气，于是走出屋，和同学、朋友打招呼。

“你还舍得起来啊？看不出来你还挺能喝。”青梅竹马的好友对我一阵奚落。我笑答：“我是出来喝粥的，快点儿再给我盛一碗。”她好一阵笑，接过我手里的碗，转身去盛粥。我接着一边喝，一边问着粥的来头。她指着一个漂亮的、身穿少数民族服饰的女孩说，那是她的好手艺，是她们哈尼族的“期玛”，汉语意思为肉粥。在她们民族的传统习俗中，每逢婚嫁、过节，或是乔迁新居都会熬这个粥。她还开玩笑说，这哈尼族小妹已经有了意中人，所以人家的手艺再好我也不准“动心思”。我冲小妹笑了笑说了声“谢谢”，小妹却红着脸低下了头。

接下来几天，我和同学在西双版纳四处游玩，这位与我们年龄相仿的哈尼族小妹和我们慢慢熟络起来。她说，哈尼族热情好客，喜欢以酒肉招待客人。很久以前的哈尼族日食两餐，大米、米线为主食，食材以肉类偏多，喜欢大口吃肉、大碗饮酒，偏好的肉类与汉族相似，对猪肉、牛肉、羊肉、鸡肉等极为喜爱，除大口吃肉外，还喜欢将多余的鲜肉腌制起来以备招待客人，另外一种对肉类的吃法，就是剁碎入粥。关于入粥的鲜肉，绝不是“筋头巴脑”，而是精选口感最好的位置，切块后再剁碎的，以精瘦肉为主，略有肥肉，可增加肉粥的鲜味，重要的是必须以高汤熬制。至于我尝到的粥里的淡淡辛辣味，是粥内加入的草果粉所致。小妹说，除了我喝过的期玛，哈尼族还有一道名粥——土鸡肉丝粥，二者的做法有相似之处，不同之处在于，期玛所用的是生肉，置于粥中熬熟，土鸡肉丝粥是在粥熬得快出锅时加入熟鸡丝。她开玩笑说，如果我这几天再喝多了，她还会给我熬。

不知是那粥香和肉味让我印象深刻，还是略带对哈尼族小妹的谢意，与同学们每每提及此事，我总形容那碗粥真是宿醉后的“艳遇”。

## 寻味记事

国人食粥历史悠久，古代粮食匮乏，时有灾荒，平民百姓食粥是无奈之举。时代变迁，现在粥已成为各地的美味之一。我常常和女友开玩笑说，熬粥最能体现一个人的手艺、脾气，还有创新精神。说体现脾气，是因熬粥对于配料选用、准备，以及熬制时的火候掌控有着极为严格的要求，一个环节没掌握好就可能满盘皆输。创新精神，则体现在做法和配料重新选购等方面。

对于美食，特别是少数民族的美食，我是十分矛盾的。我最喜欢原汁原味的少数民族风味，但食材、风土人情、环境、炊具等毕竟不同，烹饪出的美食总是与记忆中的相距甚远，所以我通常会稍稍创新，让美味更符合我和家人的偏好。

读研的一年寒假，我带女友回家过年。下午回到家中，见妈妈精神疲惫，她说："前几天发烧，虽然现在烧退了，但身子很软，一直没敢告诉你。"我把她扶进屋躺下，和女友接过了做晚饭的任务。除了几道拿手的、妈妈喜欢的小菜，我想起了哈尼族小妹的那道粥，粥软，呈糊状，易下咽，米汁及肉、菜亦可补充营养，最适合体力较弱的病人。

哈尼族小妹曾经告诉我，这道粥较为重要的是米、肉的选料，以及高汤的熬制。传统做法是用优质糯米熬制，肉一定是精瘦肉为主,可有极少量的肥肉。按照她的说法，我在厨房找到八角粉、草果粉等重要食材，先备好原料，熬上粥后再做其他饭菜。两个小时左右，粥出锅，我喊来女友，盛上一碗让她端给未来的婆婆，她大大方方地接过碗，去了妈妈的房间。

傍晚洗漱时，妈妈悄悄地跟我说，这些年我给她做过的好吃的不算少，可这粥最对她胃口，最重要的是，给她端粥、喂粥的人最好……

曾经在一个粥店吃过快餐，食材实在是普通，但墙上的一句广告语让我记忆尤为深刻:“一碗粥的小幸福。”确实，生活中的幸福，有画龙点睛的浪漫，也有点滴积累的平凡，就像这一碗美味的粥，说不上复杂，但足以见证熬粥人的用心。

# 期玛

尝过的各种粥中，
唯哈尼族的一道肉粥最让人垂涎，
其味道鲜美、米汁浓稠、风味独特。

## 期玛的做法

食材：优质糯米（若不喜欢纯糯米熬粥，可适量添加大米）、八角粉、草果粉、食盐、小葱、姜、新鲜里脊肉、猪骨汤（建议自制，实在没时间可用浓汤宝）、味精。

1 糯米淘净，浸泡。

2 猪骨洗净、剔肉，小葱部分切段、部分切末儿，姜部分切片、部分切末儿。

3 开火，倒水，入猪骨、葱段、姜片，汤水开后，捞沫，汤盛出备用，若比较介意第一锅肉汤，可倒尽，再煮一锅汤备用。

4 里脊肉切丝，再切末儿或极小的肉丁。

5 肉汤入锅，加入糯米（大米），搅拌熬煮，糯米快熟时倒入肉末儿，略搅拌，防止肉末儿聚集在一起。

6 待肉熟米烂时，加入适量姜末儿、八角粉、草果粉、食盐、味精，继续搅拌熬煮，待配料香气四溢，可装碗。

7 最后，撒入葱末儿，增色提味。

# 砂锅鱼

## 大理白族的十全大补

它集中了白族鱼味的精华，边烹边吃，配以豆腐、火腿、豆芽、肉丸等食物，营养丰富、味道鲜美，是大理白族款待宾客的佳肴。它是选用祥云出产的好砂锅，从洱海中捕来的弓鱼、黄壳鱼或鲤鱼加丰富多彩的配料炖制而成的。

古城里的这家客栈如城内大多数客栈一般，都是由传统的白族民居改造而成的，青砖白墙、上翘的屋檐和高大的照壁，无一不显示出前人的显赫。我蛰居在这洒满春日阳光的院中，闻着春日的花草香，感受着阳光的温暖。此时的阳光，不再是伴随着咬人的下关风，它翩然而来，变得柔软妩媚起来，伸着光的触手，温柔地抚摸着春的大地。我像猫一样伸伸懒腰，浑身暖洋洋的，享受着生命之母的爱抚，享受着春日里生命静下来的闲适。点上一盘檀香，看着香烟静逐，游丝般缠绕着，白纱般舞动着。此时若是有砂锅鱼做伴，绝对堪比神仙过的日子！好在客栈供应的饭食中便有这一道美味，和老板下了个订单，说了一下我的要求，便一边享受这难得的阳光，一边等着美味的登场。

砂锅鱼是大理相当有名的美食，成名于清末民国初期，由砂锅鱼头发展而来，它集中了白族鱼味的精华，边烹边吃，配以豆腐、火腿、豆芽、肉丸等食物，营养丰富、味道鲜美，是大理白族款待宾客的佳肴。它是选用祥云出产的好砂锅，洱海中捕来的弓鱼、黄壳鱼或鲤鱼加丰富多彩的配料炖制而成的。

它的来历格外富有戏剧性。相传很久以前，大理城有家生意兴隆的饭店。店里一个很穷的店小二，每天收拾餐桌时，都会把客人剩下的一些较好的菜、肉，装在一个砂锅里，回家煮给家人吃。有一天，一位富商光临宴请达官贵人，席毕离去，店小二收拾餐桌时，发现还有些海参、蹄筋、鱿鱼、火腿、冬菇、玉兰片等没有吃完，就把它们一网打尽，装进砂锅打包，当天正好家人从洱海捕鱼归来，便剖洗干净，放在砂锅里一起乱炖。全家人吃后都觉得味道格外鲜美可口，就连周围闻到味的邻居都垂涎三尺。店小二很机灵，立即记下妙方，以砂锅鱼创办小摊，把生意一点点做大，砂锅鱼的做法经几代人研习，更加美味可口，成为大理白族的风味佳肴。

胡思乱想之际，老板端着鱼上来了，砂锅鱼以菜叶铺垫的大盘衬垫，锅中沸滚，飘红映绿，色彩绚丽。闭上眼睛闻一下，却是清香扑鼻，当真是色、香、味、形俱全。看得我不由口水直流，食欲大开。夹一块鱼肉放进嘴里，鱼肉滑嫩无比，肥而不腻，令人满口鲜香；喝一口鱼汤，鱼汤入口鲜美，香气四溢，令人回味无穷。

我感叹这砂锅鱼的鲜美，向老板讨教这美食的秘籍，得知这砂锅鱼最讲究的是选料要精，鱼必须要用洱海野生鱼，有一种鱼形似鲤鱼，当地人称黄壳鱼。用农家放养的土鸡熬制老汤，将鱼和鸡汤放入砂锅中，再配以十余种配料。接着用文火慢慢烹制，才有这一道美味。这繁多的配料，足见大理砂锅鱼不是简单的煮鱼，可谓山珍海味一锅烹，浓淡适宜。这得需要多大的功夫才能把每一道材料的美味激发出来，难怪这砂锅鱼被誉为“十全大补饮食”。

吃过砂锅鱼，我便外出一赏这古城的夜景。繁华的街市和苍山的走势一致，往上往下有不少的岔街支巷。沿街全是店铺，大多是出售民族工艺品、珠宝美玉和水晶大理石等的，也有卖土产、小吃、小玩意儿的，游人徜徉其间，欢笑嬉戏，怎一个热闹了得！看着这花花世界，嘴角不自觉地上扬，心也慢慢地静下来。感受着周围那些慢慢回来的景致，重新生着繁灯天籁，生着鸟语花香，生着清风明月。从街道古老的青石板上悠然走过，车马无喧，云淡风轻，心素如简。

这样的平凡与安静，看似微不足道，其间却有着小隐隐于家的超然。

回到客栈临窗而坐，白昼的喧嚣已被浓重的墨色时空所代替。我在柔和的灯光下，默默地发呆，回味着刚刚品尝过的砂锅鱼，那若有若无的鲜香仿佛仍徘徊于口齿间，奈何夜已深沉，这难得的美味只能留待梦里去慢慢回味了。沏一壶绿茶，看一本书，于茶香氤氲雅致的氛围中感受古城之美。左手茗香，右手墨香，人生最美的时光莫过此时。所谓，人间有味，有味是清欢。

# 寻味记事

轻轻叩开一扇门，发现已是岁末的光景。

还没来得及细细回忆春天的妆容，雪花便落了一地。宿舍的窗就不如古城客栈的轩窗那般精美。厚重的玻璃窗外，雪花大片大片地落下，我又想起大理苍山那终年难以化尽的积雪，那般白雪皑皑，想起那些逝去的时光，只是，所有的风花雪月最终不过瘦成指间一行字。

但其实我想念的，无非是一道砂锅鱼罢了，不能否认，过去一年时间里我遍尝了很多美味，但当我看到大理两个字，瞬间就会想起那一锅美味。我曾以为是想念那种安静的、悠闲的，甚至是有些懒散的日子，但其实那一刻我是真正把目光停留在了那锅鱼上。这是有些矫情的，然而，在矫情的回忆里，美味总是最让人留恋以及难以割舍的。

到底是念了许久的美食，我决定要亲手烹调，不过砂锅鱼的内涵太过丰富，没有三两个好友一起享受，或是吃不下浪费，又或是因为食量小而精简配料，这就得不偿失了。在接到我的电话邀请后，几位好友自告奋勇地来尝鲜。

我赶紧去采购原料，众人相约晚上小酌一番。我拿出祥云出产的好砂锅，将鲜鱼剖腹洗净，抹上少许精盐腌制，然后加上汤，用微火炖熟。家里的配料虽比不上正宗的那般繁杂，却也是我能收集到的最好食材了。

黄昏已至，众人相继赶来，开锅食之，鲜香扑鼻，虽不至于好吃得让人想咬掉舌头，却也是可圈可点，鱼肉和蔬菜的搭配，加上砂锅的焖煮，极大地去掉了鱼的腥味，那一口口鱼汤之间，吃到了我甚爱的味道。好友们也觉得这道美食是他们当“小白鼠”以来，我做过的菜肴中最好的。或许，很多事情真的不必做太多的准备，计划得太周密，那样想的问题就会太多，也会磨损人的锐气与积极性。

去体验，认真地享受，领略这世界的种种精彩。我做砂锅鱼最深刻的理由无非如此，这样还可以在以后大段的日子里拿几个像样的故事来让回忆鲜亮。

人生，能好好地爱上一件事，并且矢志不渝地坚持，怎么说都是美好的。就像我爱的美食，我愿变得更好，不负我朝朝暮暮地念它、想它，我亦愿把它变得更好，穷尽一生的热爱。岁月静好，兀自清欢。

# 砂锅鱼

夹一块鱼肉放进嘴里，
鱼肉滑嫩无比，肥而不腻，
令人满口鲜香；
喝一口鱼汤，鱼汤入口鲜美，
香气四溢，令人回味无穷。

## 砂锅鱼的做法

食材：活弓鱼（若无弓鱼可用鲤鱼代替）、海参、鱿鱼、虾仁、干贝、蹄筋、金钩海米、冬菇、鸡枞菌、冷菌、竹笋、木耳、玉兰片、胡萝卜、白菜心、火腿、豆腐、猪肝、肉片、肉丸、腊鹅等（配料可视个人口味调整），葱、姜、盐、香油、味精、胡椒面。

1 鱼去鳞、鳃、内脏，洗净后斩为三段，视其尺寸重量，用适量盐抹遍鱼身以腌制。

2 把豆腐切成 3 厘米见方的小块，放在沸水中烫一遍，沥去水分，海参、鱿鱼等配料分别切片，葱切为末儿，姜切为丝。

3 砂锅置旺火上烧，热度越高越好。

4 炒锅内注入上汤，先放入腌过的弓鱼煮熟，再放入火腿片、海参片、鱿鱼片、虾仁、干贝、蹄筋、冬菇、玉兰片、金钩海米、胡萝卜片、白菜心、姜丝、葱末儿等稍煮一下，撇去浮沫，加入盐、胡椒面、味精，淋上香油。

5 烧热的砂锅（砂锅烧得越热越好，上桌后沸腾不止。既鲜且烫，才是大理砂锅鱼的地道风味）摆在垫碟上，将炒锅内煮好的弓鱼倒入砂锅即可。

## 铜锅洋芋饭

### 奇葩的懒人盛宴

把削好皮的洋芋一个个码放在铜锅垫底，淋一点儿油，然后把切好的腊肠、半熟的米饭等混合在一起焖制。过几分钟，就要用长长的竹筷子直接伸到锅底，把经油焖烤得有些焦黄酥脆的洋芋翻到面上来，和米饭拌上一拌。几个回合后关火，盛到小碗里，每一粒米饭都“油光满面”，洋芋块块外酥里沙，腊肉丁冒着香气。

云南人对马铃薯有着特殊的偏好，在早年间甚至是一种依赖，因为马铃薯吃法多样，既可当主食，又可做配菜，且做法丰富。在众多与马铃薯有关的饭菜中，铜锅洋芋饭可谓一道奇葩，它似蚕豆焖饭般饭菜合一，又比蚕豆焖饭的口味咸鲜；似炒饭一般丰富，又比炒饭多了一点儿工序，却省了一点儿心思。

和众多农村家庭一样，随着父母外出打工，家里的条件逐渐好转，修房、垒院子、盖房、买电器，家家户户几乎都在沿着这个路子改善生活。中学时代，我家也盖起了高高的院墙，再跑去屋外的地里吃蚕豆，就没原来那么方便了。

爷爷的手艺了得，小至锅碗瓢盆，大至烧砖盖房，没有爷爷不会做的，所以老家的厨具、炊具不仅丰富，充满个性，且十分耐用。让我印象最为深刻的，便是爷爷年轻时做的铜锅。据说那个拎起来挺重的铜锅，是爷爷刚娶奶奶过门时做的，平时除了煮汤，用得最多的就是做铜锅洋芋饭（云南人把马铃薯称为洋芋、土豆）。云南人对马铃薯有着特别的感情，在昆明话当中还有这么一句顺口溜：吃洋芋，长子弟（意为多吃洋芋，男的长得帅、女的长得美丽）。小时家里穷，我的个子不高，又有点儿瘦弱，奶奶格外喜欢让我多吃洋芋，还变着花样给我做，什么老奶洋芋、炸洋芋、孜然椒盐小洋芋等，有的我连名字都叫不上来，不过我最爱的还是铜锅洋芋饭。

每次做这道饭菜，奶奶总是让我站在厨房外，说是男孩子不用学做饭,做饭是女人的事情。我觉得有点儿好笑，便跟奶奶开玩笑说，要是娶了不会做饭的媳妇怎么办？奶奶一本正经地说，那绝对不能娶回家。我吐吐舌头，觉得似乎说错了话。我一边跟奶奶“捣乱”，一边在奶奶身边看她怎么做饭。只见奶奶把削好皮的洋芋一个个码放在铜锅垫底，淋一点儿油，然后把切好的腊肠、半熟的米饭等混合在一起焖制。过几分钟，就要用长长的竹筷子直接伸到锅底，把经油焖烤得有些焦黄酥脆的洋芋翻到面上来，和米饭拌上一拌。几个回合后关火，盛到小碗里，每一粒米饭都“油光满面”，洋芋块块外酥里沙，腊肉丁冒着香气。端起碗，就着奶奶熬的鱼汤和浓烈辛辣的作料下肚，真是一爽到底。每次我都能吃上两大碗仍意犹未尽，而奶奶总是怕我胀肚，不让我多吃。

长大了，我跟着妈妈学会了这道饭菜，也跟着妈妈学会了改良。妈妈喜欢用腊肉代替腊肠，因为腊肉有肥有瘦，不似腊肠那般，经过腌制的腊肉，咸鲜适宜。将其置于锅中焖烧，腊肉中的肥肉便被炼化，顺洋芋四周流入锅底，再经过铜锅底加热，入味到米饭及配菜中。如此蒸煮的铜锅洋芋饭别有风味，比腊肠制成的焖饭多了一分咸鲜。

后来和喜欢美食的同学们交流，腊肉的做法不仅味道更优，还省去了淋食用油的工序，最重要的是，整道饭菜无需全程操作，只要控制好火候，前期准备好原料、半成品，剩下的就是静候美食。又因其内涵丰富，配料可根据自己的喜好筛选，因此云南吃货们给它取了一个有趣的名字：懒人盛宴。

# 寻味记事

似乎，家乡的每一道美食都会勾起我浓郁的吃货情怀，但我不得不坦言，并不是每一道菜都属于吃不到嘴边就要发疯的感觉。对于这道饭菜,或许让我思念更多的，是关于爷爷奶奶的记忆。

没等到我成人考上大学，爷爷便离我而去，这种遗憾始终萦绕心头，所以在奶奶身体越来越糟的那年暑假，我一门心思在家陪她。纵然不能陪她走完人生最后一段，我也要竭尽所能陪她更多的时间。奶奶年纪大了，身体不好，平日多半躺在床上，或坐在院子里晒太阳、发呆，我和她说话，通常问几句，她才回答一句，顿觉没了亲切感。

直到我跟奶奶说，我想吃铜锅洋芋饭的时候，奶奶的眼睛都眯了起来，嘴角上扬，拄着拐棍站起身到院子里摸土豆。奶奶来到一簇大的土豆秧前，不是把秧薅下来，而是将手伸进土里，把蛋黄大小的土豆摘下来，然后将土又培上，按了按，自言自语地说:“没事儿，土豆照样长，那个还留着明年种呢。”我听了心里一悸，或许对于奶奶来说，已经看不到明年、后年……

不知是因为奶奶年纪大了，还是我对味道越来越挑剔，抑或是儿时对食物的眷恋之情有所改变，觉得这铜锅洋芋饭的味道没有之前的好吃了。吃过饭，奶奶坚持一个人去刷铜锅——这是爷爷辞世后，她一直保持的习惯。她小心翼翼地刷干净，再用干抹布擦净，放在小橱柜里最上面的一层。我知道,那锅是爷爷娶她过门时做的，那是代表爷爷奶奶几十年如一日，简单而又质朴爱情的信物和承诺。

儿时的记忆中，爷爷奶奶给我做过的好吃的特别多，离开家乡后，几乎每一道菜我都认真尝试过自己动手去做，或是找特别较真儿的美食店去尝。唯一不敢尝试的便是这铜锅洋芋饭，不是它有多难，而是我不敢想起我离开老家前，奶奶看我的眼神……

读研时，无意中和女友在大学食堂的云南菜窗口看到这道菜，巧的是，来自昆明的厨师用的是正儿八经的铜锅，工艺精细，饭菜分量很足。女友说从未听我提起这道饭菜，很想尝尝，我欣然坐下等候。

烫手的铜锅里，白胖胖的饱满米粒、略有焦黄色的小洋芋、表面汪着鲜油的腊肉，还有那俏皮的小葱花，一下子把我的眼泪勾出来了。女友用勺子舀出一碗放到我眼前，此时，饭菜的味道已经不再重要，重要的是，我终于敢面对爱我的爷爷奶奶与世长辞带给我的悲伤；重要的是，或许这也是爷爷奶奶在告诉我，代表他们信物的铜锅要传递给我，传递给我未来的生活。

经过腌制的腊肉，咸鲜适宜。
将其置于锅中焖烧，
腊肉中的肥肉便被炼化，
顺洋芋四周流入锅底，
再经过铜锅底加热，
入味到米饭及配菜中。

铜锅洋芋饭

## 铜锅洋芋饭的做法

食材：大米、土豆（最好选个儿小的土豆）、腊肉、葱、香菜、姜、食盐。

1 将大米煮至半熟捞起备用。

2 小土豆洗净备用，若是大的土豆就要切成块（最好是滚刀），葱、香菜、姜切末儿备用。

3 腊肉切片，若选用的腊肉有厚厚的肥肉，可将肥肉切下一部分。

4 热锅倒油，将土豆（块）快速翻炒，待其表面为焦黄色取出。

5 腊肉等配料依次入锅翻炒，加入适量食盐（建议少放）。

6 把土豆（块）整齐地码放在锅底，切下来的肥肉置于锅底，或置于土豆（块）之间的缝隙中，半熟的米饭均匀铺在土豆（块）上，炒好的腊肉等配菜也铺好。

7 锅中加适量水，加盖焖煮。

8 先大火后小火煮制（如一直用大火，可能土豆烧焦，而米饭未熟透；如火太小，可能土豆不香，或米饭过软），在焖制过程中，可开盖搅拌，使各种饭菜均匀混合。

9 待米饭熟透后，关火，再盖上盖焖 2 分钟即可食用。

小贴士

若想享受懒人的方式，可在第三步后，直接将腊肉、半熟的米饭、土豆及所有配菜作料翻炒均匀，倒入锅中焖蒸。

# 喜洲粑粑

## 世外桃源的春天味道

洁白的青花瓷盘里，整齐地叠着两块破酥粑粑，咬一口，芝麻的香和夹了馅儿的甜回味在嘴里，没有一般面食的绵软，它是脆脆的感觉，咬起来咔嚓咔嚓响，吃起来非常酥松，一口咬下去就成破酥了，怪不得叫“破酥粑粑”。

但凡美食，大抵都是生长在民族文化极其深厚的沃土上的，像大理喜洲镇这样略显清新脱俗的“世外桃源”，又怎会少了美食呢！喜洲粑粑就是一个例证。

行于幽深小巷，看姹紫嫣红，等燕子归来。有诗、有文、有花香的日子，是最惬意的时光。在青草葳蕤的地方煮茶，天蓝蓝，云朵从头顶飘过。

看了白族民居，我顺道去了镇中心的四方街。在云南，无论大理还是丽江，只要是古镇古城，就有一个小广场，名曰四方街。喜洲古镇也不例外。

四方街不到，就看见小小的广场被一个个店铺围得严严实实，而其中两把大棚伞下的两个粑粑摊的生意显然很红火，一股属于面粉的清香夹杂着甜腻的味道从那竖起的一座人墙里飘了出来。

我挤进去一看，果然是有名的喜洲粑粑，只有在喜洲才能吃到的粑粑。带着对喜洲粑粑的好奇，我上前与店主攀谈，聊了一阵子，才知道店主做粑粑加工已经有十多个年头了。

店主说，喜洲粑粑做起来并不复杂，揉面绝对是其中的重头戏，拌面的秘诀就是必须要用老面与面粉发酵，只有这样，加工出的饼味道才独特。做好的甜馅儿、咸馅儿的粑粑，大小 10 厘米左右，厚度也就 1 厘米左右。

木盘上均匀地铺着十张刚做好的粑粑，外表看起来十分酥脆。一旁摆着传统的吊炉，这种吊炉，上下各有一张盛着炭火的铁板。据说，上面是武火，下面是文火，中间夹着平底大锅，刷过猪油的平底大锅被摆上了待烤的粑粑。店主一边烤，一边还用刷子将铝锅中的猪油刷在饼的上层，然后举力将放在一边盛满炭火的上层烤盆拎了过来，盖在了平底大锅上面。这上下两层炭火，将锅内油炕着的粑粑慢慢烤黄、烤香直至烤酥。

用此方法制作的喜洲粑粑香酥而又软和，层次分明，宛若苍山十九峰十八溪，味道那叫一个绝。

无论是行云流水般的手法，还是攀谈粑粑制作过程时那满脸的笑容，无不显示出店主对制作这道美食的自信。据说，就连那躺在炉子里的黑炭也大有来头，这木炭可不是一般的机制炭，而是用约 4 厘米粗的栗木烧成的炭，栗木的密度高，耐烧，而且还有一种独特的果树香味，会渗透到粑粑里面去，所以喜洲粑粑的味道自然与众不同。

大约十分钟后，一锅黄灿灿、香喷喷、又酥又脆的“破酥”出锅了。洁白的青花瓷盘里，整齐地叠着两块破酥粑粑，咬一口，芝麻的香和夹了馅儿的甜回味在嘴里，没有一般面食的绵软，它是脆脆的感觉，咬起来咔嚓咔嚓响，吃起来非常酥松，一口咬下去就成破酥了，怪不得叫“破酥粑粑”。

虽然已经到了中午，但店里的顾客却依然不少，喜洲人竟然也拿这小小的粑粑当主食！店内大概只有 15 平方米左右，除了加工区域，墙边还放了几张小方桌，基本坐满了人，有的边吃边拉家常，还有的拿着相机拍个不停，没有吵闹，每个人都安静地享用着这难得的美食。我隔壁桌的一位男性食客一边悠闲地吃着粑粑，一边品茶，时不时地还与店主攀谈。或许，这是任何一位追求安逸悠闲生活的人最放松的时刻。

安安静静地吃东西，尽享清新和煦的阳光，纵然有再多的纷扰，不管身心此前多么憔悴，在这个平静的春天，心情也会跟着明媚灿烂起来。吃过粑粑，喝完茶，穿过户户种花的街道，站在小镇前四下顾盼，望着镇里的春色，感叹着时光如此匆匆，一别如梦，相见再无期。

## 寻味记事

初春，依然寒气逼人，清冷氤氲着整个窗台，却没有了冬时的凛冽，反而有些乖巧，似乎还带着一丝温润暖了手掌心，此时安静得如同只剩下了自己一个人，回忆便悄然而至。那年，那时，那人，那一刻的天荒地老，那一眸的青砖白墙。也许每位男士都幻想过在那幽深的巷道，有一位眉清目秀、眼带温柔的女子与自己擦肩而过。在我的回忆里，巷道里没有那个一过飘香的女子，我沉醉的是那一块金灿灿、脆生生的破酥粑粑。

后来离开了云南，又吃过很多地方的点心小吃，不外乎是由面粉和大米制成，比如新疆的馕、北方的烙饼、东南的点心。由于工艺不同、辅料不同，也就成了独特的地方小吃食品了。而这些小吃的制作方法，要么是烘，要么是烤，要么是烙，要么是煎，要么是炸。喜洲粑粑最独特的加工之处，就是上下两层一起用火炭加热的铁盘烤。这样加工出来的粑粑，不用翻身就自然来个两面香脆的粑粑皮。

喜洲粑粑的味道又香又脆，在我看来，就像春天散发出的气息，让人感觉仿佛一瞬间所有的东西都活过来了。

近日，采了几株绿色植物置于桌上，不至于那么孤单的空蒙，年前买的风信子或许已经盛开，没能等它现出花苞，就又一次离家。好在离家之前，总算寻找到了破酥粑粑的身影，遗憾的是，它和记忆中的味道相去甚远——昆明的大型超市有半成品出售，但因终究不是现场制作，吃到嘴里的，并无春的气息，只有些许工业化的味道，我想，这就是手工制作的魅力吧。不管社会如何发展，总有一些东西值得坚持。

那些留于青砖黛瓦之间的味道，终会沉淀过往，我告诉自己，我到过大理，到过我梦想的地方，品尝过充满春意的美食。三月，抬眼，总会遇见那些姹紫嫣红，心情总是那么安然。过上几天，独自采上一枝桃花，去看燕子微雨时的从容，心定会随之徜徉。

# 喜洲粑粑

香酥而又软和，层次分明，
宛若苍山十九峰十八溪，
味道那叫一个绝。

## 喜洲粑粑的做法

食材：小麦粉、葱花、花椒、食盐、肉丁、红糖、油渣（不喜重油可不使用）、猪油、小麦粉、食用碱。

1 做馅儿。将肉丁（注意是肉丁，千万不要剁成肉末儿，那会失去咀嚼肉香的快感）、红糖、油渣放在一起，捣成茸做馅儿。

2 和面。喜洲白族人偏爱以小麦粉做主要原料，发面十分讲究，取一定量的老面并放上适量的碱面，揉透，擀开，撒葱花、花椒、食盐，再揉。

3 做饼。把面分成大小适中的面剂子，擀成薄片，将馅儿包上，再擀成圆形小饼。以厚约 1 厘米，直径 8 至 10 厘米为宜。

4 用火。喜洲粑粑讲究上下火烘烤，有点儿类似现在的比萨。最传统的还是用炭火，只是过于复杂，没有炭火条件的，可以使用饼铛，也可使用烤箱代替。

5 烘烤。上火使用猛火，下火使用文火（这一点，烤箱的优势强于饼铛）。面饼入烤盘前，需在烤盘刷点油，在面饼双面或单面刷猪油（根据个人喜好酌情增减用量）。注意一定先等烤箱上下火温度稳定，再推入烤盘。

6 若用炭火烤，约 10 分钟至皮硬，呈金黄色，香气飘出，即可取出；若用饼铛或烤箱，则酌情增加烤制时间，直至熟透为止。

## 香茅草烤鱼

## 朦胧夜晚的一抹惊艳

一股淡淡的柠檬香，夹杂着浓烈鱼肉的香气袭来，它不似水煮鱼那般只有你吃到口中方觉过瘾，也不像诸葛烤鱼那般味道单一，那是一种闻过之后，便让你有口腹之欲，更让你期待一睹烤鱼者真面目的那种迷情之欲。

2010 年，滇东、滇中地区遭遇数十年一遇的干旱，半年没有降雨，苦了当地的农民，也直接影响下游的江河水域，其中澜沧江水位不断降低，滇中、滇南地区部分流域见了河床，就连号称不缺水的西双版纳也有些吃不住劲儿。

但这里毕竟是西双版纳，就连周恩来总理都亲身参与过的泼水节已不单纯是傣族人民的节日。在一片质疑的声音中，当地政府表态:泼水节的活动照办，但适当节水。

刚刚三月末，江边酒吧街的生意已十分红火，我选在街边并不起眼儿的位置坐下，静候夜幕降临。

夕阳下的澜沧江略显悲壮，嫩草在江水的滋润下，从裸露的河床冒出，曾经湍流不息的江面，如今成了牧马人的天堂。夜幕中的澜沧江略显凄凉，没了白天的欢声笑语、儿女情长，只剩下半边江水孤单守望景洪市的夜空，似乎与我这独往浪漫之地的人成了两条永不相交的直线。

北方人通常喜欢豪饮，特别是口味偏淡、略轻的啤酒，恨不得一下子连冰块一起灌入口中，急待啤酒花和麦芽的香味充斥大脑。独饮是一种宁静，时而是情趣，时而是无奈，时而是寂寞。我曾经拎着白酒坐在长江的码头独饮，想那困扰了几个晚上的选题，也曾抱着半打啤酒在珠江畔边走边喝，并不觉得孤独。但在澜沧江边独饮却略感不甘，多了份寂寞，期盼些惊艳。

有趣的是，惊艳来得突然，有些特别。2010 年的酒吧街还不算繁华，酒吧的数量屈指可数，特别是部分老城楼区与其附近，经常有推车叫卖的少数民族少男少女穿梭，亦会有人支起小摊，在你的上风向肆意地扇着诱人的香味。

一股淡淡的柠檬香，夹杂着浓烈鱼肉的香气袭来，它不似水煮鱼那般只有你吃到口中方觉过瘾，也不像诸葛烤鱼那般味道单一，那是一种闻过之后，便让你有口腹之欲，更让你期待一睹烤鱼者真面目的那种迷情之欲。

问了穿着傣族服饰的小伙儿，他说，味道是从酒吧街侧后方的小胡同而来，过去看到和他穿着一样衣服的一老一少操持着的烧烤摊便是。循着沁人的迷香，七拐八拐地找到小摊。老的负责烤，头也不抬，少的端菜收桌收款，见谁都送上笑容。说来有些没出息，看过她的笑容，顿时就下定决心，不吃光口袋里的现金绝不离开。

小妹用很不标准的普通话问我想吃点儿啥，我询问她的建议，她说，若饿了可以要烤肉和烤鸡翅填肚子，若第一次来西双版纳，可以吃傣族特有的烤鱼。我说，不饿，我是顺着烤鱼的味道来的，先要两条烤鱼。她笑着给我拿了啤酒，示意我坐在侧风向的位置，然后转身和老人喊了句什么。昏暗的灯光下，看不清老人手里拿的是什么东西，似乎是两根竹签串好的鱼，正架在火上烤。

等候美味时，和小妹闲聊，她的皮肤略显黝黑，健康的肤色下，一脸笑容更显清新，不由得让人想到当年风靡一时的“清嘴”女神。闲聊间，一股特有的香气扑鼻而来，顿时，之前那种孤独情绪一扫而空，我只盼着这醉人的香气愈来愈烈，随即闷头就着这味道喝下半瓶啤酒。

香气渐渐浓郁，肚子里的馋虫一下子活了过来，眼望老者熟练地在烤鱼上刷油、翻烤，不一会儿，小妹用两只餐盘端上来我期盼已久的美食。看起来，盘中焦煳的东西大概有我的巴掌大小，裹着鱼的香叶被烤断，残留的贴在鱼肉上，鱼身被四根宽扁的竹签夹住。“把竹签扒开，趁热尝尝，那叶子也能吃。”小妹顽皮地冲我一笑，翩然而去。

迫不及待地去掉竹签，用筷子剖开鱼肚，一股令人兴奋的香气沁入肺腑，趁热夹起一块鱼肉入口，酸、辣及其特有的野生香草味充斥口中。咽下后，淡淡的柠檬香味及特有的辣味尚在徘徊，让我这种通常吃东西向来不顾冷热都是一口吃光的人实在不忍迅速将眼前的尤物一扫而光。

“好吃吗？一看你就是第一次来西双版纳，保准你吃一次就不想走。”小妹清理我隔壁的桌子，不忘逗我几句。我连忙说：“对，赶紧再给我烤几条。”当晚，我就着 6 瓶啤酒，差不多吃下 11 条烤鱼，直到实在无法再坐着吃下东西才作罢。

回到酒店，查了傣族的香料才知道，小妹说的包茅草也叫香茅草，是一种原产于东南亚热带区的香料植物，含柠檬香味，有醒脑催情的作用，看来，烤鱼香气令我兴奋的原因正是在此。

## 寻味记事

离开西双版纳，因工作需要我先后前往普洱、师宗、昆明等地，每到一处，夜晚我总是谢绝当地朋友和客户的招待，独自走上街头，寻找那道美味。街头卖烧烤的摊位虽多，可有傣味的却寥寥无几。终于，我在昆明一处略偏的小吃街，找到一家只售烤鱼的小摊。

摊主自称是勐腊县（隶属于西双版纳傣族自治州）人，虽是汉人，却是吃着少数民族地区的饭长大的，至于我说的傣族烤鱼正是他摊上的招牌，他的傣鲤鱼（汉人所说的罗非鱼）都来自西双版纳当地的池塘，保证新鲜。我乐得价都来不及问，赶紧找地方坐下等候。

很快，一股香气飘来。摊主刚把烤鱼端到眼前，我便迫不及待地用随身带的小军刀切下一块鱼肉，不管烫不烫口就塞进嘴里。偏酸、辣、咸鲜的口味，迅速击破了味蕾的防御，只是喷香的口味中，少了那淡淡的柠檬香味。

回想起澜沧江边的夜晚，小妹曾笑着逗我说，像我吃成这副模样的客人真少见，我当时解释，第一次尝到如此美味，回北方后难再吃到，自然会狼吞虎咽。她说，这是傣族招待客人的美食，以前只在寨子里有，现在很多傣族人要攒钱读大学，所以他们把家里的美味统统拿出来卖，他们姐弟两人分工，弟弟去招揽生意和送吃的，她和父亲守摊。我给小妹留下电话，笑言她若考上北方的大学一定把喜讯告诉我。只是，我始终没收到消息，也没再见到那醉人的笑容。当年的手机网络尚不发达，手机摄像头也并不流行，于是，没和傣族小妹留一张合影便成了遗憾，至今想起仍懊悔不已。

昆明街头小摊的烤鱼，色香味上乘，唯独少了那一抹惊艳。我问摊主为何在烤鱼上看不到那带有淡淡柠檬香的茅草叶，摊主笑答我是个行家，并说那草叶寻起来不难，但傣族传统的做法是用20多种香料腌制大半天，现在做烧烤的人都不会费那么大心思去腌制，都改用有同样味道的配料代替，涂抹或撒在烤鱼表面，二者闻起来味道差不多，只有细心的吃货才会感觉略有不同。

摊主说得在理，的确，刚闻到那股香气时，我丝毫分辨不出那细微的差别，刚刚吃到口中也未觉得不同。或许让我感到有细微差别的，并不仅仅是鱼肉中那淡淡的柠檬香气，还有澜沧江畔傣族小妹那动人的笑容，或许正是那一抹惊艳，让我记住了那令人情迷的淡淡柠檬香。

# 香茅草烤鱼

一股令人兴奋的香气沁入肺腑，趁热夹起一块鱼肉入口，酸、辣及其特有的野生香草味充斥口中。

## 香茅草烤鱼的做法

食材：罗非鱼、葱、姜、蒜、青辣椒、香菜及傣族烧烤腌料、猪油、香茅草、盐、竹片（实在不好找就用竹筷子）。

1 罗非鱼洗净、去鱼鳞，鱼头可去可不去，用刀划开鱼腹，去掉肠肚等杂物，冲洗干净。

2 取干净碗一个，倒入极少量清水，混合葱、姜、蒜、青辣椒及傣族烧烤腌料、盐调匀后，拌香菜，再调匀。

3 将调好的腌料放入鱼腹中，合拢鱼腹，用香茅草捆好，再用竹片夹紧，腌制 4 小时以上。

4 把用竹片夹好的鱼放炭火上烤，待表面香茅草焦化后，刷猪油，翻个儿，继续上一步骤，待鱼两侧表皮焦黄后，扇风令炭火更旺，直至烤鱼表皮酥脆。

# 香竹烤饭

## 青葱岁月里的一抹竹香

青翠的竹节里，米饭酱黄，吃一口，口感柔软细腻，外表还裹着一层白色的竹瓤，外观如揉搓出来的圆形面柱一般，用手握时不会沾手，米饭吃起来不仅具有竹子的清香味，还有烘烤食物的香味，两种香味的完美结合，令人回味无穷。

发小远嫁西双版纳是我没有想到的。我带着七分歉疚三分好奇去了那边，沿途在车上赏风景，果真如她所说，那一大片竹林当真是一大美景。远望绿竹林，郁郁苍苍，重重叠叠，绿竹林的枝叶犹如一顶碧绿色的华盖，遮住了太阳、白云、蓝天，给大地投下了一片阴凉，别有一番神采。

见到她，我笑言，以前山沟沟里的麻雀怎么一鸣惊人，飞到西双版纳当孔雀去了？对于我这样的玩笑，她毫不在意，满脸幸福的她指着远处的一个寨子说，那最新的、高高的吊脚楼是她家的院子，坐落在整个傣族村寨的最南边。院子前边是一条弯弯曲曲的小路，跨过那条小路，就是一片很大很大的竹林。她的爱人就住在这样的地方。语毕，像小时候一样，她大大方方地拉着我的手，跑去她家——同学们先后都到了，只有我是她亲自到长途车站迎接的。她说，我俩从小一起玩儿到大，好歹算是闺蜜兼娘家人了，必须有这样的待遇，这让她的爱人都投来了羡慕的目光。她说："这算什么，我用最拿手的香竹烤饭招待他。"

听起来就让人垂涎欲滴。小时候，我和她家住得特别近，两人到对方家吃饭已习以为常，后来读寄宿中学后，也偶尔在周末到她家吃饭。不知何时注意到，原来骨瘦如柴的她，竟慢慢地长成婀娜多姿的少女，浑身散发着青春的气息，不知何时开始，她学会了做饭，虽不及妈妈做的饭菜那般色香味美，但也算小有模样。

坐在院子里的竹椅上，想着儿时的趣事，不一会儿，她喊我和他的爱人一起去砍竹子,准备做香竹烤饭。她说，香竹烤饭在傣语里叫"考澜"，是用一种具有特殊香味的香竹"埋考澜"煮制而成的。我逗她问怎么认识的傣族小伙儿，还没等她回答，她爱人便说他们是在昆明打工认识的，确认恋爱关系后，她跟他回了西双版纳见父母，住了几天，就被傣族的美食和当地独特的风景彻底征服，再也不想走了。

我注意到，这个穿着传统服饰的傣族小伙儿，脸上总是带着微笑。他一边向竹林走，一边告诉我，烤制香竹饭要选用当年长成的嫩竹，他找到一棵嫩竹，将其依节砍下拖回家里。此时，发小已把提前泡软淘洗好的优质糯米准备好，接过竹节，清洗干净后，将糯米装入竹节，略加清水，然后用芭蕉叶塞住竹筒口，置于炭火烘烤。过了一会儿，竹节杯被烤得“砰砰”响，小伙儿从火中取出竹节，敲打了几下，又扔进去继续烤，过了一会儿才取出。一连串的动作，两人忙个不停却丝毫不乱，如此的有默契，也让我会心一笑。食用前，小伙儿用刀轻轻捶打竹节，使米饭与竹子内壁分离，剥去竹片才端上桌。

那一次吃的香竹烤饭的味道，我到现在都还记得。青翠的竹节里，米饭酱黄，吃一口，口感柔软细腻，外表还裹着一层白色的竹瓤，外观如揉搓出来的圆形面柱一般，用手握时不会沾手，米饭吃起来不仅具有竹子的清香味，还有烘烤食物的香味，两种香味的完美结合，令人回味无穷。我一直觉得那就是幸福的味道，属于他俩的幸福，清清爽爽却有滋有味，反正我是羡慕不来，唯有与他们相约将来带女友去共享美食。

# 寻味记事

那年离开西双版纳，我再也没吃过香竹烤饭。后来在微信中和发小聊天时，屡次提到那令我神往的美景和勾魂的傣味，也提到还想吃她做的香竹烤饭，但想吃到口实为难事。虽然网店也可以买到嫩竹，只是没了那番情谊和气氛，纵然是以山珍海味为原料，也吃不出那种味道。据说，这也是吃货们最为头疼的事。

好在，机会并不是没有。大学毕业后曾经和女友及同学到四川露营，营地所在的村庄后边就有一片竹林，其品种和西双版纳的略有不同，但终究是鲜竹，我决定试试。

到好心的农户家借来砍刀，买了极少的糯米，戴上手套，我一个人去竹林了。我告诉女友，把糯米洗净，等我给她做好吃的。她眼前一亮说："你总是能给我惊喜。"我说："对，在吃这个方面，惊喜永远都会有。"

只在西双版纳看过傣族小伙儿砍竹，我却从未尝试过，却不知砍竹原来那么费劲，不过好在我第一次操持时便毫无压力,有短短几节表演一下就可以了。回到营地时,女友已捡来干柴，生好火，淘干净糯米和大米（我们野营自备的少量大米），几乎每个步骤的合作，都与那年在西双版纳看到的发小和她爱人的合作那般默契。我在想,或许上天从我身边夺走了一个“女朋友”，是为了还给我一个真正的女友吧。

努力回忆每一个步骤，学着他们的样子，我把竹节砍好，灌入糯米、大米和少量纯净水，没有芭蕉叶，只好用纱布和短绳封好竹节的口，为了增加香味和营养，我颇为创新地在糯米和大米的混合物中加入了少量掰碎的牛肉干。入火、翻烤，她挨在我身边，静静地看着火中的竹节，不时地用木枝捅一下柴火……

原来，这就是爱情；原来，爱情不都是浪漫的，它或是点滴的陪伴，或是默契无间的合作，或是一个眼神就能明白对方想要什么。

随着纱布几乎被烧焦，略带牛肉干味道的香竹烤饭烤好了！沁人心脾的竹香，混合了略有咸鲜的味道；黏糯米的清香，混合了大米的香气，营地里飘散着令人羡慕的味道。大家纷纷围过来，争相品尝。

浪漫的是，只有我和发小知道这种味道是如何烤出来的。

后来返回天津的途中，我给如今已经当了妈妈的她发消息说，我也学会做香竹烤饭了，还给女友尝了鲜。她回复了一个笑脸，说，她相信我的女友和她一样，都是最幸福的。

# 香竹烤饭

香竹烤饭在傣语里叫『考澜』，是用一种具有特殊香味的香竹『埋考澜』煮制而成的。

## 香竹烤饭的做法

食材：当年的嫩竹（三四节即可，直径 4 至 7 厘米为宜）、糯米、花生、云腿、香菇、胡萝卜、芭蕉叶。

1 将糯米洗净，花生碾碎（略碎即可，不必碾成末儿）浸泡 4 小时左右。

2 清洗竹节，一端打孔后备用。

3 云腿、香菇、胡萝卜切丁，若刀工好可以切碎丁。

4 清洗芭蕉叶，将其卷成漏斗状后插在竹筒口，将糯米等食材略混合，加水装入竹筒，最重要的是一定不要装满，留二三厘米的空隙。

5 填装后，芭蕉叶卷成塞子，将竹筒口塞住。

6 竹筒入炭火烤（若担心烤不熟，可以先蒸几分钟，再入炭火烤）。

7 约 20 分钟后，竹筒的芭蕉叶塞子会自动“蹦”开，劈开竹筒即可食用（注意别烫着手）。

# 永平黄焖鸡
## 博南古道驿站的『肯德基』

吹过下关的风，看过上关的花，见过苍山的雪，还有洱海的月，大理的风花雪月，大抵如此吧。浪漫如青春少女，古典似慈祥老妪。永平没有那一丝浪漫的情怀，小心翼翼地留下的，是一道美食的记忆——永平黄焖鸡，温柔地在心中不断泛起一阵阵涟漪。

这道永平名菜有着“滇西一只鸡”的美誉，这可不是空穴来风，它的起源可以追溯到1000多年以前，它的出现和风靡整个滇西、滇南，与永平境内著名的丝绸商道——博南古道的开通有着极大的关联。

博南古道是张骞出使西域时期的产物，是极其重要的经济贸易通道，同时也是古代官文传递的重要驿道。驿道沿途自然要设置驿站，如同古代官方招待所，集换马、歇脚等功能于一身，不办急事儿的驿使自然不用担心吃喝，但着急的驿使就得琢磨歇脚时吃啥喝啥了。不知道是哪位驻守驿站的官员为了节约彼此的时间，发明了一道快餐，就是今天的黄焖鸡。它取材方便，操作简单，出锅快，味道好，色泽鲜艳，油而不腻，很快受到驿使、驿站官员的青睐，再到后来，商贾旅客也成了这道美食的粉丝。最终，博南古道不仅成了经济和军事通道，还成了一条美食通道。当年永平黄焖鸡的制法及管理模式要是能被发扬光大，放在现代绝对能超越麦当劳，力挫肯德基。

据说这道原本只是快餐的名菜后来竟传到皇宫，南明的朱由榔在品尝过永平黄焖鸡后大加赞赏，一边抹着油乎乎的嘴，一边赞其为“第一佳肴”。

随着新型品牌、产品推广技巧的出现，“永平黄焖鸡”已不再是云南特有的美食，它几乎成了中式快餐的代表之一。在全国各大城市的大街小巷都可以看到“黄焖鸡”“黄焖鸡米饭”的招牌和小店，可见其受各地人们喜爱的程度。当然，要说最为火爆的场面还要看永平，到吃饭时间，县城内车水马龙，不少人甚至专门走几条街去自己最青睐的黄焖鸡门店。

全国各地做黄焖鸡的门店虽多，但大多数都采用现代工业生产方式去加工黄焖鸡，使其失去了那原汁原味的口感。妈妈说，黄焖鸡最重要的还是鸡肉的材料，一定要选用土仔鸡。原料固然重要，但火候的控制更重要。妈妈说，炒焖鸡块一定要掌握火候，只有用旺盛的火炒焖出来的鸡肉才不会失去真味。

每次我离家上学，妈妈总是费尽心思地给我做这道黄焖鸡，她总说："出门在外不比家里，吃不到什么好吃的。而你还那么瘦，能吃到好吃的时候，就多吃一点儿。"妈妈总是以一副笑脸目送着我出门，却不知道背对着她行走的儿子心中是多么的留恋。我突然想到，千年以前的古人为了生活不得不东奔西走，风餐露宿，他们在异地品味美食之时，也一定有过对家的思念。想必黄焖鸡那香飘四溢的味道，也给过路的驿使、商贾旅客带去了温暖吧。

我一直记得妈妈所说的真味。人不也一样吗？想要展现最美好的自己，就得以无限的热情去付出。一如那黄焖鸡，不也是经过了大火炒焖之后才有了后来的美味？没有什么无缘无故的成功。

千年古道历经风雨，却没有因此消沉，如今的博南古道仍旧静静地坐落在原地，也许这里不再繁华，也许这里不再有离别的游子，但那一如既往的香味却历久弥新，让风雨浅释出岁月的美丽。看上关的花开，听洱海的雨落，我用一颗澄澈的心，感悟流年转换，即使时光变迁，属于妈妈的温情也依旧温暖。同是一条路，不同的时间有不同的风景，不同的人也会看到不同的风景。路上有什么样的风景，取决于你的心。

时光安然而执着，脚步踏实而轻松，一个人携岁月而过，伴风雨而行。向着心灵的方向，朝着心灵的向往，坚守着心中的梦想，无论风雨凄苦，无论沉浮得失。一如那静静等待千年的黄焖鸡，历经风雨时光的蹉跎，仍旧等在时光的渡口，乘着岁月的轻舟，遥望那千年古道上一路奔波的游子，用自身美好的味道抚慰人们寂寞孤独的心。

# 寻味记事

出门远望，层层高楼却阻碍了视线。街上车水马龙，那嘈杂之声令人无比厌烦。苍穹高起，秋风瑟瑟，一缕青烟，一群归鸿，眼前稍稍模糊，映出那遥远的地方。

成长的日子总是少不了别离，匆匆的告别，回眸一瞥的一瞬间，能想到的除了家人的温暖，再没有其他的了。那一句句重复的叮嘱，那一声声没说出口却依然能感受到的期盼，那一种深藏在脑海深处的味道，都让我劳累的心感受到一丝丝的宁静。果然如妈妈所说的那样，出门在外，再也不能随心所欲。繁杂的琐事甚至让我连晚饭都吃不下，妈妈打电话问得最多的问题还是我胖了没，我一如既往地说，还是老样子。沉默了一瞬之后，妈妈会笑着哄我说回家给我做黄焖鸡吃，刹那之间，我感慨颇多。有谁会一直担心你的身体，希望你能吃得好呢？

记忆中，杀鸡这种事一向是爸爸代劳的，只有在做黄焖鸡的时候，妈妈才接过菜刀亲自处理。记忆中，妈妈烹制黄焖鸡，犹如对待一件艺术品，她从姥姥那里继承了祖传的黄焖鸡秘诀，家里大小聚会餐桌上总是少不了黄焖鸡的一席之地。每每烹制这道菜，她的表情就变得十分专注，十几种配料在妈妈的手中上下翻飞，忙而不乱，那是属于她的世界。黄焖鸡不仅是一道饱含了爱的食物，也是专属于妈妈的艺术品。装盘出锅，香气扑面而来，色泽金黄油亮的鸡肉，青翠清香的葱花，咬一口，满嘴喷香，一点儿不油腻。

俗话说，自己动手，丰衣足食。实在是想那般美味的时候，我也会在闲暇之余寻找食材，亲手把配料小心翼翼地放进锅里，看着它们在油里慢慢变色，再把鸡肉倒进锅里，学着妈妈的样子翻炒。在装盘的那一刻，扑鼻而来的除了香味,更有着美好的回忆。咀嚼着嘴里的鸡肉，虽没有妈妈做的那般美味，却自有一股特别的味道，我不知道妈妈在翻炒的那一刻倾注了多少爱，此刻，我只想让她尝尝我亲手做的菜，也是饱含心意的啊。

面容依旧，回眸停留，虽青涩懵懂，却隐隐有自立的影子。秋风缱绻的寂寥，留下的不是悲伤，而是我微笑面对生活的脸庞。流年终成过往，昔年那个年幼的身影，那片温柔的土地，已随风飘散，成了奢望。留下了挺立的参天大树，虽不甚繁茂，但却足够遮风挡雨。

# 永平黄焖鸡

它取材方便，操作简单，出锅快，味道好，色泽鲜艳，油而不腻。

## 永平黄焖鸡的做法

食材：土鸡、酱油、干辣椒、葱、蒜、纯菜籽油、花椒、生姜、草果、食盐、料酒、白糖、味精。

1. 土鸡（仔鸡为佳）洗净，剁成3厘米大小的肉块，再用料酒、食盐腌制半小时左右。
2. 干辣椒去把、除籽、切寸段，生姜去皮、切块、拍松，葱切寸段，蒜去皮、拍碎或完整使用。
3. 锅置于火上，倒入菜籽油烧至七成热，先倒入干辣椒和花椒翻炒至呈黄色，出锅前放入姜，翻炒少许时间后起锅待用。
4. 再倒入一些新油，烧至五成热，把草果、白糖不停地翻炒至起咖啡色的泡沫，倒入少许酱油。
5. 倒入腌制好的鸡块，猛火翻炒。
6. 把花椒、姜、干辣椒放入锅中，再将食盐和味精倒入锅中，调至中火，盖上锅盖，焖3至5分钟，开盖翻炒，待锅中的汤汁收得差不多了，加入葱段，再翻炒几下，起锅。

# 越南小卷粉

## 酸爽吃不够，青春卷不住

卷粉薄薄的，很透明，都能看见里面的馅儿。尝了一卷，鲜柠檬汁的酸加上小米辣的辣就把刚下车的困倦都赶到九霄云外了，整体口感是“酸、辣、爽”。

和她的关系不过是相识短短一年的网友，从最初的青涩懵懂，到后来的相互熟悉，再到眼前的初识人面，感觉好像一场梦。“嘿，我到了。你呢？”她问。“我也到了。”我们两个人举着手机在QQ里聊得昏天黑地，见面时却彼此羞涩得不好意思张口。还是她先说了一句：“走吧，我带你吃好吃的去。”

初春，午后的开远还挺热，我骑着她的摩托车，听身后的她不断地指挥，驱车在街头小巷穿梭。有趣的是，一路上，除了“左转”“右转”“继续直走”，她没多说一句话，而我除了“嗯嗯，好的”，也没再多说一句。直到车在一家小店旁停了下来，我看着她快步地走到老板娘面前，说道:“娘娘，两份小卷粉！”之后转身对我说:“愣着干吗？过来坐一会儿，待会儿就可以吃到你念叨了好久的美食啦。”

这家位于观音寺巷口的卷粉小店颇有口碑。她说，小卷粉是越南传来的小吃，不过并不是每家店的口味都正宗。老板夫妇是越南华侨，所以这里的小卷粉是正宗的越南口味，和其他的卷粉小店有很大的区别，最重要的是价格并不贵，素馅儿 6 元一盘，肉馅儿 10 元一盘。店里的服务员都是越南妹子，听不懂中国话，交流大多靠手势和欢快的笑容。一位越南妹子在操作台前手脚麻利地现场烫小卷粉，装盘传到老板娘手中，其操作如行云流水。老板娘接过，把小卷粉切成条状，加作料后一一递到我们手中。我们点的是一盘香葱肉馅儿和一盘木耳馅儿的，卷粉薄薄的，很透明，都能看见里面的馅儿。尝了一卷，鲜柠檬汁的酸加上小米辣的辣就把刚下车的困倦都赶到九霄云外了，整体口感是“酸、辣、爽”，本来就汗津津的脸和头，瞬间就像挤豆腐汁似的大汗淋漓。细细品味之后可以感受得到，老板用的米材质不错，卷粉口感很好，滑滑的，没有因为蒸过而变得黏糊糊，馅儿的味道也很好，香且清爽。

本来只打算吃一碗的，但那种欲罢不能、欲吃还休的感觉，让我不知死活地再加了一碗。这次我饶有兴趣地看着越南妹子做这小卷粉，只见她将磨细的米浆均匀地洒在热腾腾的白布上，盖上锅盖，稍等片刻后，一张薄薄的圆形粉皮就成型了。之后她熟练地用竹制的长棍轻轻地挑起粉皮，放在刷过油的金属台案上，将早已准备好的碎肉豆角均匀地铺在粉皮上，竹棍子轻轻一卷，粉皮夹着馅儿形成了一个长长的筒状，再轻轻地将竹棍从中抽走。最后为了使其更加入味，用剪子把长筒剪成几节。看着小姑娘灵巧的手法，不禁称赞几句，姑娘微微一笑，操着一口略带别扭的红河软语："卷粉自己烫，作料都是红河这边的呢。"听完，我立马乖乖夹着配好的蘸料和卷粉大吃特吃，怎一个爽字了得。

要特别介绍的是小卷粉的馅料和作料，老板说，这是这道美味不可或缺的关键。馅料多种多样，常见的有芹菜肉馅儿、酸菜肉馅儿、大头菜肉馅儿、香菇肉馅儿和藠头肉馅儿等。正宗的越南小卷粉，蘸水都马虎不了。小卷粉的蘸水都是现配制的，可以让服务员帮你调配，也可以自助调配。配制蘸水的桌子上摆有瓶瓶罐罐二十来个，光辣椒就有四五种，场面实在壮观。食客们大多自己配制，一来可以根据自己的口味、喜好随心所欲，二来配置过程中瓶瓶罐罐、叮叮当当，正可谓是视觉、味觉、听觉面面俱到了，这种参与感也是吃小卷粉的一大乐趣。

吃完小卷粉，我们一路向前走，两旁的商店有婚介所、书吧、裁缝店，甚至小工厂，嘈杂拥挤，充满了市井气息。

之前，无法想象这个红尘俗世的一角竟然藏着一间历尽了几百年沧桑、见证着开远起起落落与悲欢离合的寺庙。当你在小巷中段往右拐，气象便忽然不同起来，干净的路面，红墙青瓦，清净脱俗地把一切与外界隔绝。她突然说："我们去许个愿吧，我想让我们好好的。"我愣了一下，她径自去推开那朱红色的大门，抬腿跨了进去。见我没有跟上来，她转身说："走啊，你个呆子！"刹那间，笑颜如花，我不知怎的想起来这里开满的大片大片的凤凰花，那么绚烂多彩，即使很快凋落也义无反顾地绽放自己的光彩，她也是一样的吧。

早已想好的拒绝，到走的那一天也没有说出口，到底情愫难敌距离的残酷。我经受不了她在天南，而我在海北，就像我无论多喜欢小卷粉，可到底一年吃不上几次，随着时间慢慢推移，可能连当初的那一种香味都会消逝，又何况是更难以猜测的感情呢。也许，是我太胆小，害怕经年的电话联系，只剩下一个简单的你好。于是，我只想默默地看着她，那样就好了。

## 寻味记事

或许是生活跟我开了一个很大的玩笑，再次吃到正宗的越南小卷粉，竟是在与大学同学随团赴越旅行，等候导游时的“意外”。在街头无意中看到卖小卷粉的小摊，我便上前一边比画，一边指着小摊上肉馅儿卷粉的样片，示意要三份。

“辣”“爽”的感觉沁人心脾，却唯独感受不到那种青涩的酸爽，可我分明看到小摊主将鲜柠檬汁混入调料中，或许那种酸爽早已成为懵懂的青春记忆中不可抹去的一幕，难再体味。

想起那年回到家后，我提不起精神与她主动聊天，而她对我的热情也随着时间的流逝而散去。她后来说，“年少时不知道喜欢一个人的感觉，当遇到你之后，我很清楚地知道了。喜欢一个人就是不断收集关于他的消息、他的过去、他的朋友、他的喜好，他的一切我都不想错过。虽然你的过去以及未来我都不能参与，可是我想去感受你现在的一切，我给自己一次机会，让自己的行动随着自己的心。所以，我去过你曾经去过的地方，我看过你说过的书，我赞过你赞过的微博，我想把你经历的一切都经历过，可是我唯独做不到的就是让你也这样喜欢我”。

回到昆明，我四处追寻小卷粉的记忆，我吃过昆明最有名的祥云美食城那家的小卷粉，但它终究是掺杂了太多世俗的味道，嘈杂的环境、周围热闹的人群，吃的反而是一种气氛。而我面对那一卷卷安静地躺在盘子里的小卷粉，当喉咙里体验着回忆里那香滑细嫩的触感的时候，心里不禁一丝悸动。时间过去了，小卷粉也过去了，她也过去了，我也会过去的。

最后一次进她的QQ空间，不经意间瞥到她和另一个男生的亲密合照，心里猛地一颤。不是每个擦肩而过的人都会相识，也不是每个相识的人都会让人牵挂。也许在那青葱岁月的记忆中，我更喜欢的是那正宗的小卷粉吧，最起码，我知道它一直都在，而我也一直会爱。

# 越南小卷粉

卷粉口感很好，滑滑的，没有因为蒸过而变得黏糊糊，馅儿的味道也很好，香且清爽。

## 越南小卷粉的做法

食材：黏米、纱布、木耳、鲜肉馅儿、鱼露、柠檬汁、蒜、干辣椒、食盐、白糖。

1 洗净黏米，泡 2 至 3 小时后磨成米浆。

2 在锅里装好水，锅上蒙一层纱布并固定好，水开后，用扁平的勺子在纱布上面摊上薄薄的一层米浆，之后盖上盖子蒸一会儿。

3 蒸 1 分钟左右揭盖，用抹过油的薄竹片将卷粉皮从中间切断，向两边挑起。

4 将挑起的两片卷粉皮平放在涂过油的平板上，并在卷粉皮上均匀地撒上木耳炒肉末儿（也可以是青椒肉末儿等，总之可根据个人口味来选择），先横着卷一下，然后左右对折，再卷起即可。

5 蘸料可视个人口味而定，较传统的，是取适量鱼露放入小碗兑水，然后挤上柠檬汁，将蒜、干辣椒切碎，再按个人口味添加适量的盐和白糖拌均匀即可。

小贴士

喜欢蘸料更为丰富的吃货，还可准备辣椒油、小米辣、白糖、姜汁、香菜、鱼腥草、醋、酱油、香油等。

# 云腿乳鸽汤

## 以爱为原料的浓郁靓汤

云腿是宣威汉族在数百年腌腊肉的实践中创造出的精品。成品形似琵琶,脚细直伸,皮薄肉厚,皮面呈棕色或淡黄色,切面肌肉呈玫瑰色,骨略显桃红色,似一股血气凝聚在内,油润有光泽,脂肪呈乳白色或微红色,如一块内有宝石的璞玉。

“汤来啦!”儿时的记忆中,每年冬天,妈妈都会给我熬云腿鸽子汤,她说,这是姥姥传给她的手艺,浓汤趁热喝,滋补身子,又能驱寒。

这样年复一年的记忆伴随着我直到高中寄宿。每次妈妈熬汤,我就会抱着小瓷碗在厨房门口等着,什么时候闻到浓郁的肉汤味,就知道鲜汤快能喝了。趁热喝到口中,暖意传遍全身。记得中学有一年,端午节后没多久,外面下雨了，我和小伙伴嚷嚷着去淋雨，比谁更有男子汉气概，结果两个人傻乎乎地出去淋了一身雨，进门就忍不住打喷嚏。妈妈见状,哭笑不得地赶紧给我拿干净衣服，让我擦干身子和头发换上，然后把火生旺，让我烤火驱寒（那个时候家里的条件不好，还没有电暖气，也没有热水器，无法随时洗澡）。我伸着手，在火旁乐呵呵地看着妈妈忙来忙去，不一会儿，浓郁的汤味就飘进了鼻子。“好香，是鸽子汤。”我乐坏了，舔舔嘴唇看着妈妈。妈妈说，是鸡汤，家里哪能随时有鸽子让你吃，不过鸡汤一样好喝。

其实，我之前还真是分不出鸽子汤和鸡汤的区别，它们喝起来都是味道浓郁，喝后嘴唇微黏，放一点儿香菜、香油，口感更佳。最重要的是，一边喝汤，还可以一边捞里面的鸡肉或者鸽子肉。吃肉我还是分得出来的，鸡肉块更大，肉嚼起来略显紧实；鸽肉更香，肉质更细，放入口中，几乎用嘴唇就可以把肉碾碎。

儿时的记忆中，熬一碗汤是那么容易，似乎就是我一张嘴，妈妈去厨房忙活一个来小时，美味的浓汤就到手了——直到那次妈妈病倒。那天放学回家，一股浓香飘来，我以为妈妈熬汤了，便跑去厨房，结果是姥姥在厨房张罗做饭，很少在厨房露面的爸爸在打下手。姥姥笑着对我说，妈妈不舒服，正躺在床上休息，想喝她熬的云腿鸽子汤，于是就来了。

姥姥告诉我，所谓的云腿，就是人们常说的火腿，只是云南宣威火腿被人们简称为云腿。云腿是宣威汉族在数百年腌腊肉的实践中创造出的精品。成品形似琵琶，脚细直伸，皮薄肉厚，皮面呈棕色或淡黄色，切面肌肉呈玫瑰色，骨略显桃红色，似一股血气凝聚在内，油润有光泽，脂肪呈乳白色或微红色，如一块内有宝石的璞玉。地处云南滇东高原的宣威，因环境、饲料品质等诸多因素，养猪业较为发达，当地产的乌蒙猪体质健硕、囤脂力强、背膘厚、肉质奇美，是做火腿最好的原料。所以每年秋收，当地人便开始猛催猪膘，入冬肥猪出栏，家家开始杀猪腌肉。云腿的做法特别多，除了熬汤之外，煎炒烹炖都可以。

说话的工夫，汤已经熬好了，姥姥端着汤，笑着送到妈妈的房间，那时我分明看到妈妈的笑脸和身影，看到她端着汤送到我眼前……在我看来，对于妈妈来说，这世上没有什么比想吃一样美食时便立刻就能吃到更幸福的了。

我常想，那碗汤的精妙，无外乎云腿和鸽子或和鸡肉的最佳组合，但浓汤中又融入了满满的爱，是那份爱，让习惯了酸辣口味的我，爱上了这清淡却备感浓郁的好汤；是那份爱，让妈妈在我耍赖嘴馋的任何时候，都可以端上那碗浓汤；是那份爱，让姥姥将浓汤端给妈妈，又将熬汤技巧毫无保留地传给妈妈。

## 寻味记事

我爱吃云腿，读大学后，有幸在食堂，或是通过同学交换的礼物尝过多地美食，不客气地说，金华火腿虽然味道绝佳，在某些区域的名气比宣威云腿的要大，但我觉得后者的口味更加地道。也许是作为一个云南人更喜欢自己家乡的味道吧，云腿经历了岁月的变迁，见证了中国边疆民族企业的发展。勤劳的宣威人在制作吃食上的细心，让身在外地的我觉得自己吃的不仅仅是一道美食，更是云南人那挥之不去的乡愁。

姥姥去世的前一年，因脑膜炎而住院，妈妈没日没夜地在医院里照顾她，她在电话里说，姥姥在医院里住了几天之后，硬是要出去，说医院里的饭菜太难吃。妈妈听得既好笑又心酸，便接她回家，几乎天天给她熬汤，当然无论是哪种汤，云腿是少不了的。充满爱意的浓汤，最终也没抵挡住死神的步伐。我闻讯回家时，姥姥已经下葬。妈妈说，姥姥临终前最常念叨的就是让妈妈照顾好自己，照顾好我。

大学期间，端午节前后，妈妈总爱把老家人送去的云腿，切一块最好的部位给我。初尝恋爱滋味的我，决心把这份爱传递到恋人口中、心中。她病了，躺在宿舍不想出屋，我发微信说：“好好休息，我给你做好吃的。”她问：“你会做饭？”我说：“你等着。”

其实我也是第一次熬云腿乳鸽汤，乳鸽是我在学校门口饭店老板那里软磨硬泡来的，宿舍室友的方便面锅也临时被我征用，好在这道汤最重要的原料我都有，其他葱、姜、蒜、香菜等取材太容易了。

一个多小时后，鲜汤熬好了。制止了馋得流口水的室友们的抢夺，我抱着汤锅直奔女生宿舍，委托她的室友转交。我发微信说，云腿乳鸽汤最能滋补身子，喝一口汤，鲜香可口，口味醇美；尝一块云腿，肉质鲜嫩细腻，肉色绯红似火，口感油而不腻，唇齿留香。最重要的是，这道汤融入了我对她的深切爱意。

妈妈曾说，这云腿内含丰富的蛋白质和适量的脂肪，十多种氨基酸、多种维生素和矿物质，而且制作经冬历夏，经过发酵分解，各种营养成分更易被人体所吸收，所以对恢复虚弱的身子非常有帮助。我把那番话转给她。晚上，她回复说，精神已经好多了，那份爱，她已经收在心里。

# 云腿乳鸽汤

喝一口汤，鲜香可口，
口味醇美；尝一块云腿，
肉质鲜嫩细腻，肉色绯红似火，
口感油而不腻，唇齿留香。

## 云腿乳鸽汤的做法

食材：乳鸽、鸡汤、云腿、葱、姜、料酒、食盐、味精。

1 将鸽子除毛、掏空内脏，洗净，下开水锅，连姜片（或姜丝）一起焯一下，捞出备用。

2 云腿切片，葱切碎，姜切末儿。

3 若不求造型，可将鸽子切开或切块，放入砂锅（高压锅也行），加水、葱末儿、姜末儿、料酒、盐、味精。

4 若求口感，可在步骤 3 的基础上，加入鸡汤熬制，味道更浓。

# 沾益辣子鸡

## 冲破辣味圈的一枝独秀

云南的吃货都知道，吃在曲靖，可特色在沾益，沾益辣子鸡已成了沾益的名片。沾益辣子鸡口感独特，被称为“滇中一绝”，甚至被网友戏称为云南第十九怪——“沾益辣子鸡，遍地有招牌”。

有的菜，不管你如何吃，总是觉得吃不够。有的菜，不管你多想，却难以吃到，但某一天吃到的时候，你却不会再想了，或许这是等待了太久的厌倦。可是沾益辣子鸡对于我来说，就算我一直在时光里等待，也不会感到厌烦。

中国吃鸡的历史相当久远，通过上千年的历史积累，发明了无数种吃鸡的方法，辣子鸡就是众多鸡类美食中的一道，我独爱之。云南人爱吃辣虽不像四川人那样出名，但身处西南边陲，让云南人对酸、辣这两种口味异常执着。

妈妈说，我还没记事时就喜欢吃这种酸辣口味的辣子鸡，每次有这道菜，我都会用小手抓着妈妈夹来的鸡肉啃个不停，吃完连手都要舔一遍。

曲靖打出的名片是“玩在云南，吃在曲靖”。云南的吃货都知道，吃在曲靖，可特色在沾益，沾益辣子鸡已成了沾益的名片。沾益辣子鸡口感独特，被称为“滇中一绝”，甚至被网友戏称为云南第十九怪——“沾益辣子鸡，遍地有招牌”。反正我可不管什么怪不怪的，只是单纯地喜欢那种辣椒在嘴里燃烧的味道。不同于其他云南以鸡制作的美食，比如汽锅鸡、黄焖鸡那样历史悠久，口味醇厚。辣子鸡和它们比起来，就是一个后来者，却以其自身的魅力征服了许多和我一样的吃货。

说起辣味，各地的偏好有较大的差异，川渝地区的人更偏爱麻辣，湖南人对辣椒更偏爱生吃，广西、贵州也各具特色，在这云贵川渝湘的夹缝中，沾益辣子鸡能够冲出重围成为一枝独秀，足见其实力不俗。吃货们常说，沾益辣子鸡能让人辣得舒服，吃得安逸，最重要的是，不善吃辣的人，吃上几口也绝对能承受。

据说发明辣子鸡的沾益龚氏祖上颇具传奇，明朝地质学家徐霞客探寻珠江源时，曾在沾益投宿当地富豪龚起潜家，他家的这道名菜差点儿让徐霞客“赖着不走”。当然，这只是玩笑，不管它是如何诞生的，当人们发现这一美味的时候，它便迅速地火起来了。曾有知名演艺明星应邀参加沾益旅游节开幕式，尝过辣子鸡后称其为“天下第一鸡”，兴起明星来沾益的热潮。甚至台湾电视台的著名美食旅游节目还做了一期关于沾益辣子鸡的专题，引起台湾食客前所未有的反响，掀起台湾同胞开启“云南美食之旅”的热潮，沾益辣子鸡从此在国内一炮而红。在云南大多数城市均能品尝到这道美味，但最为正宗之味还得到沾益品尝。

有一年和同学去石林玩儿时，特意坐大巴去沾益尝鲜，即使排了两小时的长队也毫不在意。闻着饭堂里传来的酸、辣味，口水就流个不停。曾经以为望梅止渴是忽悠人的典故,没想到口渴的我也真有此感。一盘美食上桌，我和同学谁也没客气，赶紧拿起筷子“冲锋”。刀工好的厨师，早已将鸡斩成小块，嘴馋的食客，刚好将整块入口，嘴小一点儿的或者吃相太文雅的，也可以两口下肚。每一块肉都十分入味，恰到好处，除了辣和略酸的味道，蒜香的味道也特别提神，就连我那个对蒜天然免疫的同学，吃到口中也是赞不绝口。毫不夸张地说，那次我俩吃掉这一盘鸡，彼此一句话都没说，扫光后才相视大笑，打趣对方刚才难看的吃相。

店家说，来这里的外地食客几乎都是慕名而来，本地人几乎很少在正餐的时间特意来吃，有些食客对“辣”

实在敏感，于是他们有了创新的手段。整只鸡，可以要求一半做辣子鸡，另一半做黄焖鸡。一鸡两吃，一半喷香扑鼻，一半辣得过瘾，再加点儿炸洋芋条、淡煮苦菜汤、豆花、小馒头等清淡配菜，保证让人吃了就不想走。

对辣子鸡的味道最为刻骨铭心的一次，是那年高考失利之时，看到成绩前的上一刻，我还在和同学说笑，下一秒成绩单到我手里的时候，就像断片的电影，我感到世界一下子顿住了。等我转身跑出学校回了家，告诉妈妈成绩时，妈妈很淡然，像我小时候一样摸着我的头，只说了句："饭快好了，等一会儿就能吃了，有好吃的。"

上菜时，妈妈特意给我夹了一块辣子鸡，我看了妈妈一眼，咬了一口，一股冲鼻的辣味让我一下子止不住咳嗽起来，我说："怎么这么辣？"妈妈看了我一眼，夹了一块鸡肉继续说道："就这么一点儿辣就受不了了，以后让你受不了的事情多着呢，难道你就受不了就算了？"妈妈的话让我一呆，是啊，眼前的挫折如同尝惯清茶淡饭时突如其来的辣味，与其退缩，不如征服，只有吃得下苦辣，才配享受未来的甘甜。

# 寻味记事

关于辣子鸡的记忆很深刻，它曾经征服了我嫩弱的味蕾，早已成为我最爱的味道。不管走到哪里，闻到辣子鸡的味道，我都会想起那年失落夏天的“提神剂”。它的味道已渗入到我身体的每一个细胞中，就算时间隔得再久，路走得再远，再次吃到时，还是一口就能尝得出来是不是记忆中的味道。

爱吃，是我们这个年代的人鲜明的特质，周围爱吃的朋友很多，许多本不爱吃的，也屡次发着与美食相关的朋友圈，逐渐把自己包装成吃货。

外出求学，能吃到家乡味道的机会越来越少，当然我不得不承认，我对纯正家乡味的追求越来越高。即使是这样，在心里苦闷的时候，最爱的还是和好朋友外出寻找美味。找一家店，点几道菜，边聊天边吃东西，整个人都会轻松下来，辣子鸡无疑是我首选的美味。

好在互联网极为发达，好在销售网络也越来越广泛，在异地吃到沾益辣子鸡并非难事。我和朋友很容易就找到一家，店不大，装修得别有韵味，复古却略显时尚，无线网、USB插孔设计得十分合理，吃货们可以尽情拍照、发布，以吸引更多的吃货来尝鲜。服务员手中的菜还没放上桌，浓辣带有的喷香便扑鼻而来，让人口水直流。那红色的是辣椒，黄黑色的是鸡块，绿色的是香葱，好一盘五彩缤纷的美味！咬一口在嘴里，鸡肉的香和辣椒的辣一下子冲击味蕾，虽然很辣，却十分过瘾，让你一口接一口，根本停不下来。

一盘见底，我和朋友看着对方，满头大汗。再来一盘？行，来。俩人彼此沟通了一句，便又要了一份。就那么将其一扫而光，食毕，俩人的嘴被辣得合不拢，却难掩脸上尽享美食后的快感。我想起那一年，和同学在沾益那家老店闷头狂吃的兴奋；想起那一年，妈妈的那番教导。的确，过瘾的辣味，不正是平淡人生的“提神剂”吗？

比起云南的其他美食，辣子鸡或许并不是最有名，也不是人气最高的一个，可冲出重围的辣子鸡，以其特有的味道，长久的历史积淀，征服了一个又一个吃货，就连不善食辣的吃货，都忍不住咬上几口。

# 沾益辣子鸡

咬一口在嘴里，
鸡肉的香和辣椒的辣一下子冲击味蕾，
虽然很辣，却十分过瘾，
让你一口接一口，根本停不下来。

## 沾益辣子鸡的做法

食材：鸡 1 只（最好是散养的土鸡），葱、姜、蒜、蒜苗、花椒、干辣椒、菜籽油、香菇、食盐、生抽、料酒、胡椒粉、鸡精。

1 将部分干辣椒剁成辣椒碎，将蒜和少许姜捣碎，加适量食盐、花椒混合在辣椒碎里。

2 锅内倒菜籽油，将混合好的辣椒碎放入炸香，炸好后关火，将炸好的油辣子盛出锅。

3 香菇洗净切块，蒜苗洗净切成段。

4 整鸡处理后，切成大小一致的鸡块，锅里倒油，放入葱、姜、蒜爆香，将洗好的鸡块放入锅里，再放入剩余的干辣椒和料酒翻炒，将鸡肉的水分煸炒干，加入炸好的油辣子。

5 再倒入适量的生抽，放入洗好的香菇继续翻炒。

6 加入一碗水，加适量的盐调味，加盖焖煮，煮至水分快要收干后放入蒜苗，再撒少许胡椒粉快速地翻炒。蒜苗放入后翻炒片刻，加入鸡精，装盘出锅即可。

图书在版编目（CIP）数据

老家味道. 云南卷 / 周白石著. -- 石家庄: 河北教育出版社，2024.4
ISBN 978-7-5545-8084-4

Ⅰ. ①老… Ⅱ. ①周… Ⅲ. ①菜谱—云南 Ⅳ. ① TS972.12

中国国家版本馆 CIP 数据核字（2023）第 175413 号

书　　名　老家味道　云南卷
　　　　　LAOJIA WEIDAO YUNNAN JUAN
著　　者　周白石
出 版 人　董素山
总 策 划　贺鹏飞
责任编辑　王　莉
特约编辑　肖　瑶　苏雪莹
绘　　画　吴　尚
装帧设计　鹏飞艺术

出　　版　河北出版传媒集团
　　　　　河北教育出版社　http://www.hbep.com
　　　　　（石家庄市联盟路 705 号，050061）
印　　制　三河市中晟雅豪印务有限公司
开　　本　889 mm × 1194 mm　1/32
印　　张　6.75
字　　数　119 千字
版　　次　2024 年 4 月第 1 版
印　　次　2024 年 4 月第 1 次印刷
书　　号　ISBN 978-7-5545-8084-4
定　　价　59.80 元